山东耕地质量评价与应用丛书

周村耕地

主编　李宏科　矫永红

山东大学出版社

图书在版编目(CIP)数据

周村耕地/李宏科,矫永红主编.—济南:山东大学出版社,2016.12

ISBN 978-7-5607-5687-5

Ⅰ.①周… Ⅱ.①李… ②矫… Ⅲ.①耕作土壤—土壤肥力—土壤调查—淄博②耕作土壤—土壤评价—淄博 Ⅳ.①S159.252.3②S158

中国版本图书馆CIP数据核字(2016)第321411号

责任策划:赵 岩
责任编辑:李 港
封面设计:张 荔

出版发行:山东大学出版社
社 址 山东省济南市山大南路20号
邮 编 250100
电 话 市场部(0531)88364466
经 销:山东省新华书店
印 刷:山东德州新华印务有限责任公司
规 格:787毫米×1092毫米 1/16
9.25印张 12插页 228千字
版 次:2016年12月第1版
印 次:2016年12月第1次印刷
定 价:40.00元

《周村耕地》编委会

前言

耕地地力是指在特定气候区域，由地形、地貌、成土母质、土壤理化性状、农田基础设施、培肥水平等要素综合构成的耕地生产能力，由立地条件、土壤条件、农田基础设施条件及培肥水平等因素影响并决定，是耕地内在的基本素质的综合反映。因此，耕地地力也可以说是耕地的综合生产能力。

耕地地力评价是以利用方式为目的，评估耕地生产潜力和土地适宜性的过程，主要是揭示生物生产力的高低和潜在生产力，其实质是对耕地生产力水平的鉴定。

2008 年，农业部实施耕地地力评价项目，淄博市周村区于同年全面开展了耕地地力评价相关工作。自该项工作开展以来，周村区严格按照《农业部耕地地力评价规程》要求，扎实开展耕地地力评价各项工作，圆满完成了地力评价既定的各项工作任务，取得了比较满意的成果。

耕地地力评价是土壤肥料工作的基础，是加强耕地质量建设、提高农业综合生产能力的前提，是摸清区域耕地资源状况、提高耕地利用效率、促进现代农业发展的重要基础工作。

耕地地力评价是利用测土配方施肥调查数据，通过县域耕地资源管理信息系统，建立县域耕地隶属函数模型和层次分析模型。耕地是农业生产和农业可持续发展的重要基础。耕地维持着作物生产力，影响着环境的质量和动物、植物甚至人类的健康。耕地资源对农业生产的发展、人们物质水平的提高乃至整个国民经济的发展，都有着十分重要的作用。

新中国成立以来，我国先后开展了两次土壤普查工作。1958 年开展的第一次土壤普查工作，对氮肥生产和使用、土壤改良和利用及粮食生产起到了很大的推动作用;1980 年开展的第二次土壤普查工作,为国土资源的综合利用、改革施肥制度、满足粮食的需求做出了重大贡献。进入新世纪,人口、资源、环境的巨大压力和加入世界贸易组织的机遇与挑战,对农业的发展提出了更高的要求。

第二次土壤普查工作已结束 30 多年,农村经营体制、耕作制度、作物品种、种植结构、产量水平、肥料和农药的使用均发生了巨大的变化,很有必要对耕地地力进行全面调查。在新时期,调整农业结构,改善农产品品质,提高农业生产效益,增加农民收入,是发展可持续农业的主要任务和战略目标。调整种植业结构,必须有详尽、真实的耕地土壤适宜性指标作为指导工作的基础,才能因地制宜地利用土地,发挥区域优势,发展特色农业。随着生产水平的提高和环境的日益恶化,人民群众对农产品的质量和安全、生态环境的改善越来越关注,迫切需要弄清耕地质量状况,以便普及科学施肥、用药技术,减少其对土壤环境和农产品的污染,生产无公害农产品。我国化肥、农药使用量居世界首位,山东省的化肥农药使用量又居全国前茅,而且耕地复种指数高,中低产田面积大,因而,耕地质量的建设和保护成为山东发展可持续农业的重要内容。建立农业技术服务体系,指导农民科学施肥、节本增效,提高农民收入,也需要了解耕地地力和质量状况。

开展耕地地力评价工作,也是为了贯彻落实国务院《基本农田保护条例》中明确赋予农业部门的职责,对耕地地力分等定级并建立档案,定期提出耕地地力变化状况报告以及相应的地力保护措施,定期提出耕地环境质量与发展趋势的报告,加强对耕地的保护,查清耕地质量,指导农业结构调整,确保农业可持续发展。耕地地力评价对农业生产有很强的指导意义,不仅能促进土地资源合理、有效利用,提高土地生产力和效率,准确掌握耕地地力数量和空间分布,摸清生产潜力,而且还能因地制宜地加强耕地质量建设,指导全区种植业结构调整,科学合理施肥,保证粮食安全,为农业可持续发展提供理论依据。

选择山东农业大学资源与环境学院和山东天地亚太国土遥感有限公司为技术依托单位。山东农业大学资源与环境学院协助完成周村区耕地地力评价工作，山东天地亚太国土遥感有限公司负责全区的数字化制图和空间数据库的建设工作。2012 年 1 月上旬，两单位完成了评价工作。

耕地地力评价是一项系统复杂的工程，也是一项民心工程，需各方面大力支持。在项目实施过程中，淄博市土肥站全力支持本项工作，李秀臣总农艺师和宋淑玲站长多次到现场指导工作，并提出了许多宝贵意见和建议，促进了项目的顺利完成。山东农业大学实习生张凤文、吴东涛、张春昌参与了部分化验工作。

编　者

2016 年 7 月

目　录

第一章　自然与农业生产情况

第一节　自然条件

一、地理位置

周村区位于淄博市西部，地理坐标为东经 117°41′～117°58′、北纬 36°39′～36°54′。东邻张店区，南接淄川区，西南与章丘市接壤，西北与邹平县毗邻，东北与桓台县连接。东距市政府驻地 20km，西距省会 82.5km。南北最大纵距 27.3km，东西最大横距 25.3km，总面积为 262.99km^2。

二、地形、地貌

地形：周村区地处华北平原坳陷区、济阳坳陷区的南部，为淄博坳陷区的西北边缘。由于倾斜沉积盆地向北倾斜呈簸箕状，形成自南而北、由老到新的地层，为新生代第四系地层覆盖。地质构造主要为褶皱和断层。周村区位于淄博向斜的西翼，地质构造比较简单，南部王村镇一带的岩层走向为东西向偏南东至北西向，倾向北偏东，倾角为 15°～30°。彭阳至周村一带岩层走向呈北西至南东向，倾向北东，倾角较缓。淄博向斜的轴部位于萌山至高塘一线，呈南北向。此轴线以东为淄博向斜的东翼，地层走向为北东至南西向，倾向北西，倾角为 8°～15°。境内主要断裂构造有南北向禹王山断裂带、东西向碾子山断层及北东向朱家庄断层，次级断裂构造主要有北西南东向小断层，其中多被中基性岩浆岩冲填，形成雁列状岩脉岩墙群，倾角陡立，分布极广。

地貌：周村区地势南高北低。以胶济铁路为界，南部多为丘陵，北部为平原。南部地势最高点位于王村镇西宝山，海拔 351.8m，最低处在北郊镇北部邓家村北，海拔约 24.2m。地面坡降为 1.09‰，南北相对高差为 327.6m，最高与最低处相距 30km。

三、气候条件

周村区境内属暖温带大陆性季风气候区，属半湿润地区，四季分明，雨季集中在 7～8 月。日照充足，年平均日照时数为 2513.5h。年平均气温为 13.5℃。年平均地温为 15℃。年平均降水量为 645.5mm。年平均气压为 101.11kPa。主要风向为西南风。年平均绝对湿度为 11.6g/m^3，年平均相对湿度为 63%。

(一)日照

周村区境内年平均日照时数为2513.5h。最多年份为2663.1h,出现在1987年;最少年份为2376.6h,出现在1999年。月平均最多日照时数出现在5月,为263.8h;月平均最少日照时数出现在12月,为160h。年平均日照百分率为57%。年最高日照百分率为60%,出现在1987年;年最低日照百分率为54%,出现在1999年。日照百分率最高月份是4月,为64%;最低月份是7月,为48%。日照量日数不低于60%的年平均为221天,不高于20%的年平均为69天。

(二)气温

周村区境内年平均气温为13.5℃。最高年平均气温为15.0℃,出现在1998年;最低年平均气温为13.1℃,出现在1986年。年平均最高气温为19.8℃,年平均最低气温为8.9℃。极端最高气温为40.9℃,出现在2002年7月15日;极端最低气温为－16.5℃,出现在1990年1月31日。1月最冷,平均气温为－1.8℃;7月最热,平均气温为28.0℃。4月升温较快,平均每4天升高1℃;11月降温最快,平均每4天降低1℃。气温稳定不低于0℃年平均为302天,稳定不低于10℃年平均为225天,稳定不低于20℃年平均为135天,年平均气温稳定通过10℃及以上的积温为4598.0℃,不高于0℃的积温为－73.3℃。

(三)风

周村区境内主要风向是西南风(南至西南风),其次是西北风(西至西北风)。年平均风速为2.2m/s。春季风多,大多为西南风;夏季风小且少,多为东南风;秋季西北风增加;冬季西北风明显加强。8级以上大风每年四季都有发生,平均每年发生5天。3～5月出现大风最多,12月最少。年最大风速为16.0m/s,风向为北至北东风,出现在1995年6月23日。

(四)降水量

周村区境内降水分布不均,大体上以东南向西北递减。年降水量为645.5mm,最多为1347.1mm(出现在1964年),最少为380.3mm(出现在1960年)。年降水平均相对变化率为17%～21%。一般春季降水85.7mm,占全年降水的13.3%;夏季降水394.9mm,占61.1%;秋季降水136mm,占21%;冬季降水29.7mm,占4.6%。

周村区境内年平均蒸发量为1682.6mm,比年平均降水量多1093.3mm。6月蒸发最大,为252.1mm,1月最小,为38.9mm。

由于降水的不稳定性和分配的不均匀性,土壤干湿交替明显,从而加速了土壤氧化还原和淋溶作用的进程。

四、土壤情况

周村区境内的土壤以褐土为主,剖面通体呈褐色,成土母质为钙质岩风化物的坡积、洪积物。上层土壤多为褐色,质地多为中壤,下层土壤呈棕色。其中褐土性土分布在周村区南部的低山岭坡梯田上,由钙质母岩和非石灰性砂质岩页岩的残积坡积物形成,占可利用面积的11.1%;褐土集中分布在周村区东南、西南,占可利用面积的56.91%,成土母质主要由洪积物、洪积冲积物组成;潮褐土分布于褐土带内的低平地区,主要分布在周村区东北平原地带，占可利用面积的24.32%，该区为本地最佳土壤，土层深厚，地势平坦，质地适中，耕性良好，无不良层次，养分含量很高，保肥、保水，供肥、供水性能好。另外，分布在周村区郊区地段上还有砂姜黑土，也叫“黑黏土”。其成土母质是第四系更新统湖相沉淀的黑色砂质黏土，具有明显的脱沼泽、潜育和旱耕熟化成土过程，占可利用面积的7.67%。

五、植被情况

周村区植被分栽培作物、林木、自然植被3种类型。

栽培作物占可利用面积的90.2%。林地面积为3476hm^2，森林覆盖率达22.94%。栽培作物以粮食作物为主，主要是小麦、玉米，其次是红薯、高粱、谷子、大豆等。经济作物主要有花生、棉花、芝麻、西瓜、甜瓜、绿豆等。蔬菜主要有大白菜、黄瓜、芹菜、茄子、辣椒、番茄、菜花、马铃薯、南瓜、冬瓜等。

林木主要有八里庄杨、北京杨、大官杨、沙兰杨、毛白杨、侧柏、刺槐、柳树、枰柳、泡桐、榆树、椿树、楸树、国槐、苦楝树、棉槐、酸枣、蜡条等。果树主要有苹果、梨、桃、杏、山楂、柿子、桑树、香椿、葡萄、樱桃、石榴等。城市绿化树种有法桐、雪松、龙柏、五角枫、龙爪槐、垂柳、大叶黄杨、小叶黄杨等。

自然植被有荆条、地柏、白草、狗尾草、茵陈、鬼针草、白茅、猪毛菜、葎菜、黄白草、翻白草、败酱草、马唐、矢车菊、野艾、小蓟菜、青青菜、扁畜、三棱草、香附、野苜蓿、蒺藜等。

六、河流水文情况

周村区境内主要河流有7条，皆属小清河水系，分别为孝妇河、范阳河、浒沟河、淦河、米沟河、玉带河、青杨河。

(一)孝妇河

孝妇河蜿蜒曲折，全长117km，仅淄博市境内流程就达77km，横穿博山、淄川，经张店后绕周村入桓台马踏湖，后经广饶、博兴等入小清河注入渤海。

(二)范阳河

范阳河分南、西两支，南支源于区境内宝山、五股泉、博山青龙湾一线，西支源于邹平长白山、白云山、跑马岭一带。两支流在萌山水库汇合，后至张店马尚与孝妇河汇流。区境内南支长17.5km、西支长16km，流域面积为199.9km^2。

(三)浒沟河

浒沟河源于邹平的白云山东南山麓，从王村西阳夕村入境，至城北路街道办事处沈家村北，在邹平汇入孝妇河，境内长度为17km，流域面积为98km^2，旱季常断流，河道最大行洪能力为125m^3/s。在周村区自上而下建有河东、丁家、周村和王家庄四座小水库。2001年，对王家庄水库至周村凤阳路河段进行了综合治理工程。工程总投资459.3万元，铺设污水管道5788m，硬化河床2000m^2，砌石墙3200m，建设小坝7座，铺设人行路面6197m^2。

(四)淦河

淦河是浒沟河的支流，源于凤凰山北麓，流至周村城区西南汇入浒沟河，境内长度为7km，属季节性河流。2000年，周村区实施了淦河综合治理工程，清淤66000m^3，硬化河床

5600m，完成河底防渗4500m^2、河岸防渗12000m^2，铺设污水管路5030m，新建1座总库容40000m^2的塘坝，配套橡胶坝6座，建设溢流井73座、检查井120座，铺设人行路面5000m^2，完成绿化面积9000m^2。

（五）米沟河

米沟河源于山头村一带，自南而北流经周村城东建国、桃园至后沟，在邹平汇入孝妇河，境内长度为14.85km，流域面积为14.95km^2，属季节性河流。2001年10月，周村区实施了米沟河综合治理工程。工程总投资300万元，清淤15000m^3，硬化河床2000m，完成河底防渗2000m^2、河岸防渗8000m^2，铺设污水管路2000m。

（六）玉带河

玉带河俗称“中央河”，系范阳河西支白泥河最上游一段，源于邹平白云山的跑马岭及境内西宝山南麓一带。境内流域面积为31.03km^2，属季节性河流。

（七）青杨河

青杨河源于博山双堆山一线中低山区，流经岭子西部边缘，经章丘汇入小清河。境内长度为7.3km，流域面积为16.55km^2。

第二节　农村经济与农业生产情况

一、农村经济情况

周村区土地总面积为262.99km^2，人口为32万，现辖4个镇、4个街道办事处、1个省级经济开发区（城北路街道办事处），共有230个行政村。

2010年，周村区农业人口为156602人，农民户为50015户，乡村劳力资源数为93136人；农民人均纯收入为9576元，比上年增加1026元，增长12%；农民人均生活消费支出为6225元，比上年增长8.64%。

农、林、牧、渔业生产平稳发展，全年农、林、牧、渔业总产值为138686万元，按可比价格计算，比上年增长6.4%。

粮食生产再获丰收。全年粮食总产量为98401t，比上年增长9.3%。其中，夏粮总产为45282t，增产5854t，增长14.8%；秋粮总产为53119t，增产2516t，增长5.0%。主要经济作物中，蔬菜总产量为61745t，减产4.0%；水果总产量为13658t，增长10.0%。

全年完成造林面积133hm^2，森林覆盖率达22.94%。

畜牧业产量稳定增长。全年肉类总产量为12281t，比上年增长11.0%；禽蛋产量为4967t，比上年增长6.4%；奶类产量为6327t，比上年增长9.4%。

农业生产、生活条件不断改善。全区农用机械总动力达到201744kW。其中，农用拖拉机1725台，排灌动力机械为47220kW。全区农田有效灌溉面积达到7610hm^2，其中节水灌溉面积为6250hm^2。农村用电量为1.5706×10^8 kW·h。

二、农业生产情况

20世纪90年代以前，周村区种植业以粮食作物为主，之后对作物种植结构作了较大幅度的调整，压缩小麦、玉米等主要粮食作物的面积，大力发展以速生林、大棚蔬菜为主的林业和蔬菜生产。从2003年开始，又重新重视粮食生产，粮食作物种植面积逐年增加。2008年，农作物总播种面积为18103.1hm^2，粮食作物播种面积为16579.1hm^2，占农作物总播种面积的91%，小麦、玉米占粮食作物的95.8%。种植制度以小麦、玉米轮作为主，小麦产量一般为348kg/666.7m^2，玉米产量为386kg/666.7m^2。

2008～2010年，周村区扎实推进社会主义新农村建设，加大农村投入，促进农业稳步发展，粮食生产基本保持稳定。2010年，全区农作物总播种面积为19402.8hm^2，比上年增长1.99%，粮食作物播种面积为18177.3hm^2，比上年增长2.78%，总产量为98401t，增长9.3%（见表1-1）。

表1-1　2010年周村区农产品产量表

农产品名称	总产量(t)
粮食总产量	98401
小麦	45282
玉米	51505
豆类	426
薯类(折粮)	767
花生	488
棉花	63
油料	507
蔬菜	61745
瓜果	13658

2010年，周村区农业总产值为138686万元，其中农业、林业、牧业和渔业分别为109366万元、556万元、27306万元和158万元（见表1-2）。

表1-2　2010年周村区农、林、牧、渔业总产值表

指标名称	总产值(万元)	比重(%)	比上年增减(%)
总计	138686	100.0	22.07
农业	109366	78.9	25.4
林业	556	0.4	-5.4
牧业	27306	19.7	11.14
渔业	158	0.11	15.32
农、林、牧、渔服务业	1300	0.93	15.04

第三节　农业基础设施情况

一、农田水利建设情况

周村区地处泰鲁山系北部冲积扇的边缘，南部为低山丘陵，北部为山前冲积平原。2010 年，全区有效灌溉面积为9020hm^2，农田机电灌溉面积为7610hm^2，其中节水灌溉面积为6250hm^2。

二、农业生产机械情况

2010 年，周村区拥有农业机械总动力为201744kW。其中，农用拖拉机 1725 台，排灌动力机械47220kW，农用运输车 2388 辆，机动喷雾机 346 台，联合收割机 644 台，秸秆粉碎还田机 351 台。机耕面积为7760hm^2，机械化秸秆还田面积为14340hm^2，机械化青储秸秆数量为9100t，跨区机耕面积为1900hm^2，小麦免耕播种面积为1333hm^2，玉米免耕播种面积为8759hm^2。

第二章　土壤与耕地资源情况

第一节　土壤类型与分布

根据1980年全国第二次土壤普查结果，周村区总面积为26298.8hm²，农、林、牧可利用面积为19792.8hm²，其中耕地面积为16955.4hm²。区内土壤类型共有2个土类、4个亚类、8个土属、18个土种。土壤类型依地形地貌和水文地质情况的变化呈规律分布。全区的土壤从南到北、由高到低，依次分布着褐土和砂姜黑土2个土类，褐土性土、褐土、潮褐土及砂姜黑土4个亚类（见表2-1）。

表2-1　　周村区土壤分类表

土类	亚类	土属	土种	面积（hm²）	占总面积比例（%）
褐土	褐土性土	钙质岩类	发育在钙质岩类上的中层壤质褐土性土	1416.51	7.16
		非石灰性砂页岩	发育在非石灰性砂页岩上的极薄层硬石底褐土性土	779.77	3.94
	褐土	洪积物	轻壤全剖面均质洪积物褐土	171.38	0.87
			中壤质厚黏心洪积物褐土	1179.41	5.96
			轻壤质中层冲积物褐土	1535.61	7.76
		洪积冲积物	轻壤全剖面均质洪积冲积物褐土	139.16	0.70
			中壤全剖面均质洪积冲积物褐土	1230.35	6.22
			轻壤质厚黏腰洪积冲积物褐土	181.81	0.92
			中壤质厚黏腰洪积冲积物褐土	5050.00	25.51
			中壤质厚黏腰砾石层洪积冲积物褐土	187.95	0.95
		冲积物	轻壤全剖面均质冲积物褐土	414.69	2.09
			中壤质厚黏腰冲积物褐土	1104.55	5.58
			重壤质厚黏腰冲积物褐土	69.65	0.35

续表

土类	亚类	土属	土种	面积(hm^2)	占总面积比例(%)
褐土	潮褐土	洪积冲积物	中壤质厚黏腰洪积冲积物潮褐土	1620.51	8.19
		冲积物	中壤质厚黏腰冲积物潮褐土	3192.68	16.13
砂姜黑土	砂姜黑土	洼坡	中壤质厚黑土心洼坡砂姜黑土	676.70	3.42
			重壤质厚层黑土心洼坡砂姜黑土	224.39	1.13
			中壤质厚黑土腰洼坡砂姜黑土	617.68	3.12

褐土类面积占土壤面积的92.33%，分布在南部低丘和北部平原；砂姜黑土类面积占土壤面积的7.67%，主要分布在北郊、城北路、永安街等的浅平洼地。

一、褐土类

褐土主要分布在南部低丘和北部平原，是周村区的主要土类，面积为18274.03hm^2，占土壤面积的92.33%。

褐土土体发育层段明显，剖面通体呈褐色，通常由耕作层、淀积黏化层和钙积层3个基本层段组成。成土母质多为黄土状洪积物、洪积冲积物、冲积物。土体上部一般有假菌丝体，心土层常有黏粒、胶膜的淀积，底土层一般有石灰结核。通体有石灰反应，上部弱，下部强，土壤呈中性至微碱性反应。

根据不同的成土条件、发育程度及其属性的差别，褐土类又分为褐土性土、褐土、潮褐土3个亚类。

(一)褐土性土

褐土性土，俗称“山坡地”，分布在王村、萌水两镇的低山岭坡梯田上，面积为2196.27hm^2，占土壤面积的11.1%，海拔一般为120～350m，由钙质母岩和非石灰性砂质页岩的残积坡积物形成。

周村区以发育在钙质岩类上的中层壤质褐土性土为主，面积为1416.51hm^2，占土壤面积的7.2%。该土种土体发育不完全，土层薄，肥力低，砾石多，坡度大，水土流失严重，不适于进行农业耕作，应退耕还林。

(二)褐土

褐土，俗称“黄土”，集中分布在南部的王村、萌水、南郊3镇的铁路两侧及北郊孝妇河沿岸，面积为11264.57hm^2，占土壤面积的56.91%。成土母质主要由洪积物、洪积冲积物、冲积物组成。因地形、地貌变化大，故所含土种复杂。褐土亚类土种繁多，共有洪积物、洪积冲积物、冲积物3个土属，11个土种分别为：轻壤全剖面均质洪积物褐土、中壤质厚黏心洪积物褐土、轻壤质中层冲积物褐土、轻壤全剖面均质洪积冲积物褐土、中壤全剖面均质洪积冲积物褐土、轻壤质厚黏腰洪积冲积物褐土、中壤质厚黏腰洪积冲积物褐土、中壤质厚黏腰砾石层洪积冲积物褐土、轻壤全剖面均质冲积物褐土、中壤质厚黏腰冲积物褐土、重壤质厚黏腰冲积物褐土。

土种以中壤质厚黏腰洪积冲积物褐土为主，面积为5050hm^2，占土壤面积的 25.51%，广泛分布在王村彭阳片、萌水、南郊的丘间洼地和缓平坡地上。

该种土壤土体深厚，熟化程度高，土体构型多为厚黏心或厚黏腰，保肥、保水，通透性良好，是本区的高产农田。

（三）潮褐土

潮褐土，俗称"黄土""黑土""两合土"，在成土过程中由于受地下水的影响，底土层常出现铁锰结核，并伴有锈纹、锈斑，分布在褐土带内的低平地区。周村区潮褐土分布于铁路两侧褐土亚类与砂姜黑土之间的过渡地带，主要是北郊、南郊、城北路的北部、王村的西北部及青年地区，面积为4813.19hm^2，占土壤面积的 24.32%。潮褐土亚类分洪积冲积物、冲积物 2 个土属，以及中壤质厚黏腰洪积冲积物潮褐土、中壤质厚黏腰冲积物潮褐土 2 个土种。

潮褐土以中壤质厚黏腰冲积物潮褐土为主，面积为3192.68hm^2，占土壤面积的16.13%，广泛分布在北郊、城北路和南郊。

该土是周村区最佳土壤，土层深厚，土壤肥沃，熟化程度高，没有侵蚀现象，表土质地为中壤，土层深厚，地势平坦，质地适中，耕性良好，无不良层次，养分含量高，保肥、保水，供肥、供水性能好，水、肥、气、热协调，是旱涝保收、高产稳产农田。

二、砂姜黑土

周村区内的砂姜黑土面积为1518.77hm^2，占土壤面积的 7.67%，主要分布在北郊、城北路、永安街等的浅平洼地。

砂姜黑土是褐土地带的隐域性土壤，成土母质是第四系湖（河）相静水沉积的黑色砂质黏土，具有明显的脱沼泽、脱潜育化和旱耕熟化成土过程，是古老的耕作土壤，俗称"黑黏土"。砂姜黑土土体有 3 个明显的特征：一是上层黄土覆盖层不得超过 60cm；二是有明显的腐泥状黑土层；三是下部为潜育性砂姜层。三者具备，可谓砂姜黑土。

砂姜黑土在周村区内只有砂姜黑土 1 个亚类、洼坡 1 个土属，3 个土种分别是：中壤质厚黑土心洼坡砂姜黑土、重壤质厚层黑土心洼坡砂姜黑土、中壤质厚黑土腰洼坡砂姜黑土。

砂姜黑土以中壤质厚黑土心洼坡砂姜黑土为主，面积为 676.70hm^2，占土壤面积的3.42%，主要分布在城北路。

该土剖面有明显的发育层次，耕作层以下具有黑色黏质腐泥层，其下为淋溶层，色稍淡，再下是砂姜，通体有石灰反应，土壤呈中性至微碱性反应。此类土壤耕作层熟化程度较好，肥力较高，但心土层结构较差，表土质地偏黏，土性冷、黏、板、死，活性较差，通透性差，适耕期短。只要增强通气和透水性能，就可增产，潜力较大。

周村区土壤的物理性状主要表现为土壤表层质地较好，大部分为壤土，有利于保水、保肥，大部分为高产田。第二次全国土壤普查时，周村区土壤耕层养分含量为：有机质14.0g/kg，全氮0.67g/kg，全磷 0.93g/kg，碱解氮 61mg/kg，有效磷 12mg/kg，速效钾104mg/kg。2008 年进行测土配方施肥项目时，土壤耕层养分含量为：有机质 20.3g/kg，碱解氮 108.0mg/kg，有效磷 48.0mg/kg，速效钾 126.0mg/kg。可以看出，由于近年来大面积秸秆还田及肥料投入的增加，周村区土壤养分含量有了明显提高，但南部山区各地相对较低，北部平原地区存在养分差异性较大的现象，高低悬殊，这与农业分散经营、农民施肥习惯、施肥量多少有关。

第二节 土地利用情况

2011 年，根据全国土地利用现状调查技术规程统一制定的土地利用现状分类系统，周村区土地总面积为 26537.84hm^2（周村区国土规划局 2011 年资料）。土地分为耕地、园地、林地、城镇村及工矿用地、交通运输用地、水域及水利设施用地、其他土地，各项用地面积如表 2-2 所示。农用地和非农用地分别占土地总面积的 59.9%和 40.1%。其中耕地面积为 12137.39hm^2，占土地总面积的 45.7%。园地面积为 420.63hm^2，林地面积为 2557.06hm^2，分别占土地总面积的 1.6%和 9.6%。

表 2-2 土地面积统计表

一级类型	面积（hm^2）	占总面积比例（%）	一级类型	面积（hm^2）	占总面积比例（%）
耕地	12137.39	45.7	城镇村及工矿用地	7789.09	29.4
园地	420.63	1.6	交通运输用地	1661.10	6.3
林地	2557.06	9.6	水域及水利设施用地	1169.64	4.4
草地	287.71	1.1	其他土地	515.22	1.9

由于地形、地貌不同，土地的垦殖程度也明显不同。南部丘陵山区耕地所占比例较小，因受地形、土壤等因素的限制，农业发展利用程度较低，是园地和林地的主要集中地。中部和北部平原地区由于地势平坦、土层深厚，多数土地已被垦殖为农田。平原地区是农业发展的主要生产区，农业发展历史悠久。目前，土地利用中存在的主要问题是耕地日益减少且后备资源不足、农用地重用轻养现象严重等。

一、农用地

2011 年，国土部门统计周村区农业用地面积有 15918.01hm^2，占土地总面积的 59.9%。按利用方式，分为耕地、园地、林地和草地。耕地面积为 12137.39hm^2，占土地总面积的 45.7%，全区各地均有分布。耕地中水浇地面积为 10195.73hm^2、旱地面积为 1941.66，分别占耕地面积的 84.0%和 16.0%。园地面积为 420.63hm^2，占土地总面积的 1.6%，除永安街没园地，其余各地均有分布，南郊、萌水的园地面积相对较大。林地面积为 2557.06hm^2，占土地总面积的 9.6%，全区各地均有分布，王村、南郊的林地面积相对较大。草地面积为 287.71hm^2，占土地总面积的 1.1%，主要分布在王村、南郊、萌水。

耕地指种植农作物的土地，包括熟地，新开发、复垦、整理地，休闲地（含轮歇地、轮作地）；以种植农作物（含蔬菜）为主，间有零星果树、桑树或其他树木的土地；平均每年能保证收获一季的已垦滩地和海涂。耕地包括南方宽度小于1.0m、北方宽度小于2.0m固定的沟、渠、路和地坎(埂);临时种植药材、草皮、花卉、苗木等的耕地,以及其他临时改变用途的耕地。周村区的耕地主要有水浇地和旱地两类。

二、城镇村及工矿用地

周村区城镇村及工矿用地面积为7789.09hm^2,占土地总面积的29.4%,主要为城市、建制镇、村庄、采矿、风景名胜及特殊用地。

三、交通运输用地

周村区交通用地面积为1661.10hm^2,占土地总面积的6.3%,主要为铁路、公路、农村道路用地。

四、水域及水利设施用地

周村区水域及水利设施用地面积为1169.64hm^2,占土地总面积的4.4%,主要为水库水面、内陆滩涂、沟渠、河流水面、水工建筑用地。

五、其他用地

周村区其他用地面积为515.22hm^2,占土地总面积的1.9%,主要是设施农用地、田坎、裸地,耕地后备资源缺乏。

第三节　耕地利用与管理

一、耕地利用现状

第一次土壤普查时,全面总结了当时农业生产的先进经验,较详细地分析了区内的各种土壤类型,对当时的土地平整、氮素化肥的施用起到了积极的作用。1980年10月,根据国务院111号文件关于全国开展第二次土壤普查的指示精神和省、市统一部署,并根据《全国第二次土壤普查暂行技术规程》全面开展了第二次土壤普查工作,系统地划分了周村区土壤类型、分布、数量、质量,研究了土壤资源的生产潜力,找出了土壤中的限制因素,为进行农业区划、农田基本建设及因土施肥、灌溉、耕作、改良提供了科学依据,详细地分析了各种土壤类型的形成原因、存在问题以及改良利用方向,认真总结了当时的耕地土壤条件,确定了土壤培肥措施和目标,为其后的测土配方施肥、土壤改良提供了依据,推动了磷肥的广泛施用,实现了农产品产量的第二次飞跃。

第二次土壤普查之后,周村区政府非常重视耕地地力调查及改良利用,于1986年9月完成了区综合农业区划,对全区农业资源进行了综合评价,针对当时有利条件、不利因素,结合农业生产现状与问题,综合农业区划,明确了发展方向与战略措施,根据土壤类型及分布、土壤理化性质,进行了土壤生产力评级,结合土地利用现状对区内土壤改良利用进行了分区。1991年,在野外实际调查的基础上通过汇总、综合评价,完成了周村区农业区域总体开发规划，根据开发条件及其评价，开发潜力分析，明确了开发目标和任务、区域开发布局和分区安排，实施了开发建设项目。周村区土肥站在全区范围内先后开展了土壤养分丰缺指标研究、配方施肥、优化配方施肥、平衡配套施肥、秸秆还田、千斤玉米乡镇开发、吨粮田开发、优质粮食丰产工程、旱地优质小麦节水栽培技术推广、中低产田优质小麦丰产工程等技术推广工作，为农业生产的快速发展做出了贡献。

2008年，国家级测土配方施肥项目落户周村区，各级部门通力合作，对本区的土壤养分含量状况进行了又一次大规模的摸底普查，并结合国家生态环境建设、商品粮基地建设、农业综合开发等重大建设项目，实施了新一轮土地改良利用综合治理活动，推广了秸秆还田、深耕改土、林田路渠综合配套及微灌、喷灌、滴灌等节水灌溉技术，有效地提高了土壤地力和抗旱能力，一定程度上促进了全区农业生产的稳产、高产、高效，但灌溉保证率低、无气候灾害防御措施依然是本区提高作物产量最大的限制因素。近几年来，每年完成机械深耕面积4667hm^2，小麦宽幅播种、起垄播种面积133hm^2，小麦收获后秸秆直接还田8667hm^2，玉米秸秆直接还田7333hm^2；示范推广抗旱作物新品种，良种普及率达97%以上；大力推广了测土配方施肥，增施有机肥。这些项目措施的实施，促进了《基本农田保护条例》中合理利用耕地、科学保养管理耕地等有关条款的贯彻落实。

二、耕地施肥状况分析

施肥是补偿地力消耗、调节土壤供肥性能、确保农业生产的一项关键措施。周村区在肥料施用上，20世纪50年代和60年代以农家肥为主，农作物产量很低，1949年粮食亩产127kg，60年代随着农家肥使用量的增加，亩产超200kg。自70年代开始逐渐增大化学肥料用量，有机肥用量增长速度不大。1965年以后，随着化肥工业的发展，化肥施用量不断增加，这扩大了土壤中营养物质循环的数量，使土地的用养结合进入了一个新的阶段。周村区大面积施用化肥是在1970年以后，其种类以氮肥为主，磷肥次之，钾肥很少。氮肥以氨水、碳酸氢铵为主，其次是尿素。施肥方法以追肥为主、底肥为辅。磷肥品种主要是过磷酸钙，以基肥为主、种肥次之，也有作小麦春季追肥和玉米苗期追肥的。70年代由于化学肥料的大面积推广使用，粮食产量逐年提高，后期平均每亩施氮肥60kg、磷肥20kg左右，钾肥用量很少，亩产超370kg。氮、磷化肥比例近3∶1，但磷肥质量太差，实际施磷量较低，且各地施肥水平差别太大，极不平衡。主要问题是在施肥种类上，盲目多施氮肥，磷肥使用少且针对性不强，钾肥基本没有，有机肥普遍较少，造成化学肥料的利用率太低，相应地提高了农业成本。在施肥方法上也存在不足，好地施得多，差地施得少，近地施得多，远地施得少，麦田施得多，秋田施得少，影响了农业均衡增产。

进入20世纪80年代，我国的化肥工业无论是在产量上还是在种类与品种上，都有了很大的发展，化肥施用量也逐年递增。氮肥从以施碳酸氢铵为主向施用尿素过渡，随着磷酸二铵的引进、生产以及其显著的增产效果被广泛认同，磷肥施用量明显增加，并从施用过磷酸钙向施用磷酸二铵过渡。由于第二次土壤普查时，周村区的土壤含钾量属中上等水平，故本区钾素的施肥量仅小幅度上升，磷酸二铵以用作基肥、种肥为主，尿素以用作追肥为主。

20世纪80年代以前，化肥工业尚不发达，有机肥的施用对粮食产量的提高有较大贡献。实行家庭联产承包责任制以来，随着化肥工业的不断发展完善，有机肥的施用量日渐减少，少数养殖户会以鸡粪、猪粪、羊粪施入有机肥，极少数闲散农户会将自己堆沤的土杂肥施入部分地块，基本没有其他形式的有机肥施入，有机肥的缺失和大量化肥的投入使部分地块土壤板结，养分比例开始失调，病害加重。2008～2010 年对 1017 个取样点的农户的施肥情况调查摸底显示，有机肥施用率不足 5%，以用作基肥为主，多数施用人粪尿，也有施用鸡粪、猪粪和羊粪的，施用有机肥的施用量为每亩施用 300～2000kg，多数每亩施用 1000kg，施用有机肥的农户多集中在王村、南郊和萌水。

20 世纪末至 21 世纪初，大量化肥的投入与粮食产量不再呈明显的正相关，从事其他职业的收益远高于种粮，农户的化肥投入基本稳定。根据 2008～2010 年农户化肥施肥状况调查，得出的当前农户施肥状况如表 2-3 和表 2-4 所示。

表 2-3　　小麦作物氮、磷、钾平均折纯施用量

年度	总样本（个）	总平均施用量（折纯，kg）			基肥平均施用量（折纯，kg）			追肥平均施用量（折纯，kg）		
		N	P	K	N	P	K	N	P	K
2008	161	14.44	7.76	4.47	5.87	7.76	4.47	8.57	0	0
2009	191	14.28	7.17	2.81	6.26	7.17	2.81	8.02	0	0
2010	203	14.22	8.26	3.55	7.27	8.26	3.55	6.95	0	0

表 2-4　　玉米作物氮、磷、钾平均折纯施用量

年度	总样本（个）	总平均施用量（折纯，kg）			基肥平均施用量（折纯，kg）			追肥平均施用量（折纯，kg）		
		N	P	K	N	P	K	N	P	K
2008	195	15.81	4.9	1.8	3.87	4.9	1.8	11.94	0	0
2009	191	15.89	3.99	1.71	4.59	3.99	1.71	11.3	0	0
2010	202	15.56	3.56	1.31	3.96	3.56	1.31	11.6	0	0

周村区耕地普遍施用了化肥，氮肥使用量最大的为尿素，磷、钾素主要来源于三元素复合肥，少数农户磷肥以磷酸二铵为主，钾肥以氯化钾为主。通过农户调查统计发现，小麦氮、磷、钾使用比例为 3.96∶2.14∶1，玉米氮、磷、钾使用比例为 9.78∶2.58∶1。施肥方面存在的主要问题：一是有机肥施用量严重不足，农户重视化肥、忽视有机肥的现象突出。二是化肥施用量偏多，且氮素施用量偏大，钾素明显不足。三是对中微量元素肥料不够重视，应补充不足。2008～2010 年对取样点的农户的施肥情况调查摸底显示，小麦习惯施肥方式：第一种模式（水浇地，占全区的 70%），分 2 次施肥，第一次施肥是播种时施用三元素复合肥 40～50kg 作基肥，第二次施肥是来年小麦起身—拔节期追 30～40kg 尿素作追肥（极个别施用碳铵 50kg）。第二种模式（山旱田和库灌区，约占全区的 30%），播种时“一炮轰”，施用三元素复合肥 40～50kg，春季一般不再追肥，原因是地块比较偏，属

丘陵地带，缺乏水浇条件，且相对产量较低，不愿多投入。玉米习惯施肥方式：水浇地基肥施用三元素复合肥或者磷酸二铵每亩 50kg，大喇叭口期追施尿素 30～35kg，少数追施复合肥 30～40kg；山旱田播种时亩施用 5～10kg 复合肥或者磷酸二铵，大喇叭口期追施尿素 25～30kg 或者三元素复合肥 40～50kg，追施尿素和复合肥的基本上各占一半，极少数农户播种时不施肥，大喇叭口期追施复合肥 30～35kg。

20 世纪 80 年代，随着化肥的施用，粮食单产逐年提高。1989 年，周村区大姜、张坊两地实现千斤玉米乡镇建设，粮食总产随之逐年提高。进入 20 世纪 90 年代，粮食单产虽有所提高，但因种植面积减少，粮食总产有所下降。1997 年因自然灾害影响，粮食单产下降较多。因粮食生产面积逐年减少，粮食总产也逐年降低，至 2003 年减少至 1990 年以来的最低点。自 2004 年中央出台一系列恢复粮食生产的政策措施后，粮食生产面积有所增加，粮食总产有所提高，但是近几年冻害、旱灾等气候灾害频发，严重影响了粮食产量。

多年来，化肥的大量投入使部分地块土壤板结、酸化和盐渍化，养分比例开始失调，病害加重，并导致农作物产量降低且品质变劣，部分农产品消费者不敢问津；一些农产品由于质量问题，出口、出省受阻；蔬菜、果品外观不美、口味不佳，有害物质时有超标。保护地土壤退化、生产力降低已成为人们关注的、亟需解决的一个大问题，因此，开展耕地地力调查和质量评价，特别是开展蔬菜地地力调查和质量评价，对于提高人们的生活质量和健康水平、保护耕地地持续利用、农业持续发展具有重要意义。

第三章 样品的采集与分析

第一节 土壤样品的布点与采集

一、布点原则

土样采集是耕地地力评价的基础。2008 年 7 月,周村区政府召开了全区测土配方施肥项目工作会议,项目领导小组成员单位领导、分管人员和技术人员参加了会议。会上布置了土样采集任务,区农业技术推广中心主任作了关于土样采集工作的专题技术培训报告。经技术培训后,区农业技术推广中心及各地农业技术人员分成 5 个采样调查小组,综合土壤图、土地利用现状图和行政区划图确定采样点位,根据土壤类型、土地利用、耕作制度、产量水平等因素,将采样区域划分为若干个采样单元,每个采样单元的土壤性状尽可能均匀一致,平均每个采样单元为 3.33hm^2,形成采样点位图。

二、采样时间

土壤中有效养分的含量随着季节的改变而有很大的变化,要在上茬作物收获后、下茬作物播种施肥前采集(上茬作物已经完成生育进程,下茬作物还没有施肥)。周村区一般在秋后的玉米收获期采集土样。

三、采样路线

采样时沿着一定的线路,按照“随机”“等量”和“多点混合”的原则进行采样。周村区内多数农户的地块是长远远大于宽的长方形地块,所以一般采用“S”形布点采样,这样能较好地克服耕作、施肥等因素所造成的误差。在地形较小、地力较均匀、采样单元面积较小的情况下,采用梅花形布点采样,避开路边、田埂、沟边、肥堆等特殊部位。

四、采样深度及方法

每个样品取 15 个样点。大田粮食作物采样深度为 0～20cm。每个采样点的取土深度及采样量均匀一致,土样上层与下层的比例相同。取土钻垂直于地面入土,深度相同。

在采样的同时利用 GPS 进行定位,认真做好采样地块的基本情况和施肥灌溉情况调查工作,详细、完整地填写地块基本情况调查表和农户施肥情况调查表。

五、样品重量

一个混合土样取土 1kg 左右，数量太多时，用四分法将多余的样品弃去。方法是将采集的土壤样品放在盘子里或塑料布上，弄碎、混匀，铺成四方形，画对角线将土样分成四份，把对角的两份分别合并成一份，保留一份，弃去一份。所得的样品依然过多时，再用四分法处理，直至所需数量为止。采集的样品放入统一的样品袋中，用铅笔写好标签，内外各一张。

第二节　土壤样品的制备

一、风干样品

从野外采回的土壤样品当天放入样品盘内，摊成薄薄的一层，置于晾样室自然风干。风干过程中派专人负责翻动土样，并将大土块捏碎以加速干燥，同时剔除石块等侵入体。

风干后的土样按照不同的分析要求研磨过筛，充分混匀后，装入样品袋中备用。袋内放标签一张，写明编号、采样地点、土壤名称、采样深度、样品粒径、采样日期、采样人、制样时间、制样人等。

二、分析试样处理

将风干后的样品平铺在制样板上，用木锟或塑料棍碾压，并将植物残体、石块等侵入体剔除干净。然后用土壤样品粉碎机粉碎，使之全部通过 2mm 孔径尼龙筛。通过 2mm 孔径尼龙筛的土样装入样品袋中备用，袋内外各放标签一张，写明编号、采样地点、采样深度、样品粒径、采样日期、采样人、制样时间、制样人等项目。制备好的样品全部妥善储存，避免日晒、高温、潮湿和酸碱等气体的污染。通过 2mm 孔径尼龙筛的土样可供 pH、盐分、交换性能及有效养分、有效态微量元素等项目的测定（选用尼龙筛是为了防止接触容易造成样品污染的铁、铜等金属器具，影响测定土壤有效态微量元素）。

将通过 2mm 孔径筛的土样用四分法取出一部分，使之全部通过 0.25mm 孔径筛，供有机质、全氮、碳酸钙等项目的测定。全部分析工作结束，分析数据核实无误后，试样一般还应保存 3 个月至 1 年，以备查询。

第三节　样品分析与质量控制

一、样品分析

样品的测试方法严格按照《测土配方施肥技术规范》，各个元素的测试方法如下：

土壤质地采用国际制，用指测法或比重计法（粒度分布仪法）测定。

土壤容重用环刀法测定。

土壤含水量用烘干法测定。

土壤田间持水量用环刀法测定。

土壤 pH 用土液比 1∶2.5 电位法测定。

土壤有机质用油浴加热重铬酸钾氧化滴定法测定。

土壤全氮用凯氏蒸馏法测定。

土壤水解性氮用碱解扩散法测定。

土壤有效磷用碳酸氢钠或氟化铵—盐酸浸提—钼锑抗比色法测定。

土壤缓效钾用硝酸提取—火焰光度计法测定。

土壤速效钾用乙酸铵浸提—火焰光度计法测定。

土壤交换性钙、镁用乙酸铵交换—原子吸收分光光度计法测定。

土壤有效硫用磷酸盐—乙酸或氯化钙浸提—硫酸钡比浊法测定。

土壤有效硅用柠檬酸或乙酸缓冲液浸提—硅钼蓝比色法测定。

土壤有效铜、锌、铁、锰用 DTPA 浸提—原子吸收分光光度计法或 ICP 法测定。

土壤有效硼用沸水浸提—甲亚胺—H 比色法或姜黄素比色法或 ICP 法测定。

土壤有效钼用草酸—草酸铵浸提—极谱法测定。

二、质量控制

严格按照《测土配方施肥技术规范》的要求进行质量控制。

(一)化验室环境条件的控制

环境温度:15℃～35℃。

相对湿度:20%～75%。

电源电压:220±11V,注意接地良好。

噪声:仪器室噪声小于 55dB,工作间噪声小于 70dB。

含尘量:小于 0.28mg/m^3。

照度:200～350lx。

振动:天平室、仪器室在 4 级以下,振动速度小于 0.20mm/s。

特殊仪器设备的使用、特殊样品试剂的存放和特殊分析项目的开展,均按照其各自规定的环境条件进行。

(二)人力资源的控制

按照规范的要求,配备相应的专业技术人员,定期培训,定期考核,确保人员素质。

(三)仪器设备及标准物质的控制

化验室计量器具主要有仪器设备、玻璃量器、标准物质等三类。

1. 仪器设备

仪器设备的购买全部经过统一的竞标,购买专业厂家生产的产品。对检测准确性和有效性有影响的仪器设备,制定了周期校核、检定计划。属强制性检定的,定期送法定机构检定;属非强制性检定但有检定规程的,一般也定期送检或自检;属非强制性检定又无检定规程的,或不属计量器具但对检测准确性和有效性有影响的,定期自校或验证。

2. 玻璃量器

全部购置有《制造计量器具许可证》的厂家生产的产品。玻璃量器按周期进行检定,其中与标准溶液配制、标定有关的，定期送法定机构检定。

3. 标准物质

购买有关业务主管部门批准并授权生产，附有标准物质证书且在有效期内的产品。化验室的参比样品、工作标准溶液等应溯源到国家有证标准物质(标准物质统一在国家标准物质研究中心购买)。

4. 参比样制备

(1)风干：将田间采集的土样摊平，放在无污染的塑料盒内风干。剔除植物残体、砂砾石块等侵入体和新生体。干燥期间注意防尘，避免直接暴晒。

(2)磨碎与过筛：用机械粉碎机制样，通过 0.25mm 孔径筛。在研磨与过筛过程中应注意样品的再次除杂。

(3)混匀：把通过 0.25mm 孔径筛的土壤样品全部置于无污染的混凝土搅拌机中搅拌，直到搅拌均匀为止。将混匀的样品全都分装到塑料袋中，备用。

(4)均匀性检查：当最小包装单元总量小于 500 袋时，可按随机数表抽取 15～25 袋(一般为 20 袋)，大于 500 袋时，按"$3\times\sqrt[3]{n}$"计算抽样数。抽取的每个包装单元再分上下两层各抽取 30g 样品进行测定。测定项目为有机质、速效钾和有效铜(或锰)。测定时，每个项目由同一人在同一化验条件下、在尽量短的时间内完成。测试结果采用单因子方差分析法判定，当测定项目均为 $F_{计算值}\leqslant F_{0.05临界值}$时，则可以认为该批样品均匀。

(5)定值：根据省统一制备的标准参比样以及参比样各项测定数据，与化验室对参比样的测定数据进行比较。检测项目包括有机质、pH、全氮、全磷、全钾、阳离子交换量、水解性氮、有效磷、速效钾、缓效钾和有效中微量元素等。

(6)稳定性检查：样品定值后由制备单位会同 2～3 个条件良好的化验室进行稳定性检查，第一个年度内检查 1 次，以后每 2～3 个年度内检查 1 次，检查参比样的定值是否在方法的允许误差范围内。

(四)化验室内的质量控制

1. 标准溶液的校准

标准溶液分为元素标准溶液和标准滴定溶液两类，严格按照国家有关标准配置、使用和保存。

2. 空白试验

空白值的大小和分散程度，影响着方法的检测限和结果的精密度。影响空白值的主要因素有纯水质量、试剂纯度、试液配制质量、玻璃器皿洁净度、精密仪器灵敏度和精密度、化验室清洁度、分析人员操作水平和经验等。通过大量的试验，逐步总结出各种空白值的合理范围(空白试验一般平行测定的相对差值控制在 50％以内)，同时各个测试批次及重新配置药剂都要增加空白。

3. 精密度控制

精密度一般采用平行测定的允许差来控制。大量样品测试时，按土壤样品总量的 10％做平行。5 个样品以下的，100％做平行。

平行测试结果符合规定的允许差，最终结果以其平均含量为准。如果平行测试结果超过规定的允许差，再加测一次，取符合规定允许差的测定值为准。如果多组平行测试结果均超过规定的允许差，整批重做。

4. 准确度控制

准确度一般采用标准样品作为控制手段。每批样品加测标准样品一个，其测试结果与标准样品标准值的差值，控制在标准偏差（S）范围内。

5. 干扰的消除或减弱

干扰对检测质量影响极大，干扰的排除主要方法有：采用物理或化学方法分离被测物质或除去干扰物质；利用氧化还原反应，使试液中的干扰物转化为不干扰的形态；加入络合剂掩蔽干扰离子；采用有机溶剂的萃取及反萃取消除干扰；采用标准加入法消除干扰；采用其他分析方法避开干扰。

6. 其他措施

化验室内的质量控制除上述日常工作，还需要由质量管理人员对检测结果的准确度、重复性和复现性进行控制，并对检测结果的合理性进行判断。

（1）准确度控制。用标样作为密码样，每年至少考核1～2次。

（2）重复性控制。按不同类别随机抽取样品，制成双样同批抽查；随机抽取已检样，编成密码跨批抽查；同（跨）批抽查的样品数量控制在样品总数的5%左右。

（3）复现性控制。室内互检，安排同一化验室不同人员进行双人比对；室间外检，分送同一样品到不同化验室，按同一方法进行检测；方法比对，对同一检测项目，选用具有可比性的不同方法进行比对。

（4）检测结果的合理性判断。检测结果的合理性判断，是质量控制的辅助手段，其依据主要来源于有关专业知识。以土壤测试为例，其合理性判断的主要依据是：土壤元素（养分含量）的空间分布规律，主要是不同类型、不同区域的土壤背景值和土壤养分含量范围；土壤元素（养分含量）的垂直分布规律，主要是土壤元素（养分含量）在不同海拔高度或不同剖面层次的分布规律；土壤元素（养分含量）与成土母质的关系；土壤元素（养分含量）与地形、地貌的关系；土壤元素（养分含量）与利用状况的关系；各检测项目之间的相互关系。

注意：检测结果的合理性判断只能作为复验或外检的依据，而不能作为最终结果的判定依据。

第四章　土壤理化性状及评价

自2008年以来，周村区共采集、化验土壤样品4953个，其中用于耕地地力评价和分级的土壤样品1017个，用于评价的土壤样品主要采集于2008年。根据这1017个土壤样品的化验结果，对主要区域、不同耕地利用类型、不同土壤类型、不同质地的土壤理化性状进行了全面系统的分析。周村区种植作物类型比较单一，主要种植作物为小麦和玉米，一年两作，故不同耕地利用类型分为水浇地和旱地进行分析比较；主要区域分为4个乡镇和城北路街道办事处；对于不同土壤类型，周村区土壤有褐土和砂姜黑土2个土类，其中褐土类又分为褐土性土、褐土、潮褐土3个亚类，砂姜黑土只有1个亚类，故本区土壤亚类分为褐土性土、褐土、潮褐土和砂姜黑土4个亚类；土壤质地主要是壤土类，包括轻壤土、中壤土、重壤土，故不同质地分为轻壤土、中壤土、重壤土，以此来进行分析，还专门对土壤的主要物理性状进行了分析。

各种养分的分级标准采用山东省土壤养分分级标准，具体数据可参见表4-1。

表4-1　山东省土壤养分分级标准

有机质含量分级(g/kg)									
级别	1	2	3	4	5	6	7		
标准	＞20	15～20	12～15	10～12	8～10	6～8	＜6		
碱解氮含量分级(mg/kg)									
级别	1	2	3	4	5	6	7	8	
标准	＞150	120～150	90～120	75～90	60～75	45～60	30～45	＜30	
有效磷含量分级(mg/kg)									
级别	1	2	3	4	5	6	7	8	9
标准	＞120	80～120	50～80	30～50	20～30	15～20	10～15	5～10	＜5
速效钾含量分级(mg/kg)									
级别	1	2	3	4	5	6	7	8	
标准	＞300	200～300	150～200	120～150	100～120	75～100	50～75	＜50	
有效硼含量分级(mg/kg)									
级别	1	2	3	4	5				
标准	＞2.0	1.0～2.0	0.5～1.0	0.2～0.5	＜0.2				

续表

有效钼含量分级(mg/kg)

级别	1	2	3	4	5				
标准	＞0.3	0.2～0.3	0.15～0.2	0.1～0.15	＜0.1				

有效锰含量分级(mg/kg)

级别	1	2	3	4	5				
标准	＞30	15～30	5～15	1～5	＜1				

有效锌含量分级(mg/kg)

级别	1	2	3	4	5				
标准	＞3.0	1.0～3.0	0.5～1.0	0.3～0.5	＜0.3				

有效铜含量分级(mg/kg)

级别	1	2	3	4	5				
标准	＞1.8	1.0～1.8	0.2～1.0	0.1～0.2	＜0.1				

有效铁含量分级(mg/kg)

级别	1	2	3	4	5				
标准	＞20	10～20	4.5～10	2.5～4.5	＜2.5				

pH 分级

级别	1	2	3	4	5	6			
标准	＞8.5	7.5～8.5	6.5～7.5	5.5～6.5	4.5～5.5	＜4.5			

全氮含量分级(g/kg)

级别	1	2	3	4	5	6	7		
标准	＞1.5	1.2～1.5	1～1.2	0.75～1	0.5～0.75	0.3～0.5	＜0.3		

交换性钙含量分级(mg/kg)

级别	1	2	3	4	5	6	7	8	9
标准	6000	4000～6000	3000～4000	2500～3000	2000～2500	1500～2000	1000～1500	500～1000	＜500

交换性镁含量分级(mg/kg)

级别	1	2	3	4	5	6	7		
标准	600	400～600	300～400	250～300	200～250	150～200	＜150		

有效硫含量分级(mg/kg)

级别	1	2	3	4	5	6	7		
标准	100	75～100	60～75	45～60	30～45	15～30	＜15		

续表

缓效钾含量分级(mg/kg)									
级别	1	2	3	4	5	6	7		
标准	1200	900～1200	750～900	500～750	300～500	<300			

第一节 土壤pH和有机质

土壤pH和有机质分别化验了1017个土壤样品。

一、土壤pH

土壤酸碱度是土壤重要的基本性质之一，是土壤形成过程和熟化培肥过程的一个指标。土壤酸碱度对土壤中养分的形态和有效性、土壤的理化性质、微生物活动以及植物生长发育都有很大的影响。

土壤中的酸性物质来源于二氧化碳溶于水形成的碳酸和有机质分解产生的有机酸，以及氧化作用产生的无机酸，还有施肥加入的酸性物质；碱性物质主要来源于土壤中的碳酸钠、碳酸氢钠、碳酸钙等盐类。土壤pH在6.5左右呈现弱酸性时，作物对各种营养元素的吸收利用率最高，对作物的生长发育最为有利。土壤微生物一般最适宜的pH为6.5～7.5的中性范围，过酸或过碱都严重地抑制土壤微生物的活动，从而影响氮素及其他养分的转化和供应。一般认为玉米、小麦生长的适宜土壤pH为5.0～8.0，以6.5～7.0为最合适。酸碱度过低或过高都会影响养分吸收，还会破坏土壤微生物的生存环境，使得有益生物如蚯蚓、有益菌等减少，加速养分流失，造成土壤板结，使土壤失去耕种价值。

通过化验分析可知，周村区不同耕地利用类型之间、不同土壤亚类之间、不同区域之间及不同土壤质地之间，耕层土壤的pH差异不大。耕层土壤的pH众数为7.0，最大值为7.9，最小值为6.3，变幅为1.6。其中处于2级水平的占总耕地面面积的7.1%，3级水平的占88.10%，4级水平的占4.82%。多数集中在6.5～7.5这个区间，说明周村区耕层土壤酸碱度利于土壤微生物的活动，也比较适宜小麦、玉米的生长(见表4-2)。

表4-2 耕层土壤pH含量分级及面积统计表

级别	2	3	4	总计	变幅	众数
标准	7.5～8.5	6.5～7.5	5.5～6.5			
样本个数(个)	72	896	49	1017		
面积(hm^2)	739.60	9203.19	503.51	10446.3	6.3～7.9	7.0
占总耕地比例(%)	7.08	88.10	4.82	100		

二、土壤有机质

土壤有机质泛指土壤中来源于生命的物质，是土壤中除土壤矿物质以外的物质。它是土壤中最活跃的部分，是土壤肥力的基础。有机质是土壤的重要组成部分，含有植物生长所需要的各种营养元素，是氮、磷元素的重要来源。它还含有刺激植物生长的胡敏酸等物质。它们的有机化合物是植物营养物质在土壤中的主要存在形式。有机质通过微生物的矿化作用，释放营养元素作为植物的养料来源。有机质具有胶体特征，能吸附较多的阳离子，因而使土壤具有保肥力和缓冲性，能使土壤疏松和形成结构，对土壤理化性状和耕性的改善等具有重要作用。它也是土壤微生物必不可少的碳源和能源。因此，除低洼地土壤，土壤有机质含量的多少是土壤肥力水平高低的一个重要指标。

周村区耕层土壤有机质平均含量为20.3g/kg，变幅为5.7～30.5g/kg，变幅较大，标准差为4.73。整体来看，有机质含量较高，87.80%的面积处于2级以上水平。其中处于1级水平的比例最大，占52.70%，2级水平的占35.10%，3级水平的占7.77%，4级水平的占2.56%，5级水平的占1.18%，6级水平的占0.49%，7级水平的占0.19%（见表4-3）。

表4-3 耕层土壤有机质含量分级及面积统计表

级别	1	2	3	4	5	6	7	总计	标准差	变幅(g/kg)	平均含量(g/kg)
标准	≥20	15～20	12～15	10～12	8～10	6～8	<6				
样本个数（个）	535	356	78	25	17	4	2	1017			
耕地面积（hm^2）	5505.20	3666.65	811.68	267.43	123.27	51.19	20.88	10446.3	4.73	5.7～30.5	20.3
占总耕地比例（%）	52.70	35.10	7.77	2.56	1.18	0.49	0.19	100			

1980年土壤普查时，周村区有机质的平均含量为14.0g/kg，目前土壤有机质含量提高了6.3g/kg，这与广泛推广增施有机肥，特别是当时推行的秸秆禁烧并全部还田的农业措施密切相关。

水浇地有机质含量明显高于旱地，这与施肥习惯、秸秆还田程度及有机肥的腐化、熟化条件密切相关。水浇地有机质平均含量为20.7g/kg，变幅为5.7～30.5g/kg，标准差为4.55；旱地有机质平均含量为18.6g/kg，变幅为6.7～30.4g/kg，标准差为5.02（见表4-4）。

表 4-4　　不同耕地利用类型耕层有机质含量统计表

利用类型	个数(个)	所占比例(%)	标准差	变幅(g/kg)	平均含量(g/kg)
水浇地	798	78.5	4.55	5.7～30.5	20.7
旱地	219	21.5	5.02	6.7～30.4	18.6

不同土壤亚类耕层有机质含量有所差异。砂姜黑土含量最高，平均含量为22.3g/kg，潮褐土、褐土、褐土性土有机质含量基本相同，平均含量分别为20.7g/kg、20.0g/kg、20.9g/kg。1980年土壤普查结果时，砂姜黑土、潮褐土、褐土、褐土性土有机质的平均含量分别为16.1g/kg、14.8g/kg、13.1g/kg、9.5g/kg。可以看出，各类土壤有机质含量明显提高(见表4-5)。

表 4-5　　不同土壤亚类耕层有机质含量分布表

土壤亚类	个数(个)	所占比例(%)	标准差	变幅(g/kg)	平均含量(g/kg)
潮褐土	241	23.7	4.8	5.9～30.5	20.7
褐土	715	70.3	4.7	5.7～30.5	20.0
砂姜黑土	49	4.8	4.8	10.5～30.5	22.3
褐土性土	12	1.2	4.2	13.3～28.3	20.9

不同区域耕层有机质含量情况：城北路有机质含量最高，平均含量达到22.4g/kg，萌水含量最低，为18.4g/kg，其他区域有机质含量相差不大，从高到低依次为南郊、北郊、王村，平均含量分别为20.9g/kg、20.8g/kg、20.4g/kg。总体来看，不同区域的有机质含量最高值都是出现在本区域的水浇地，最低值都是出现在旱地(见表4-6)。

表 4-6　　不同区域耕层有机质含量分布表

区域	个数(个)	所占比例(%)	标准差	变幅(g/kg)	平均含量(g/kg)
北郊	269	26.4	4.7	5.9～30.5	20.8
城北路	37	3.6	5.1	12.7～30.5	22.4
萌水	227	22.3	4.2	7.3～30.5	18.4
南郊	242	23.8	3.4	11.9～30.4	20.9
王村	242	23.7	5.7	5.7～30.5	20.4

不同土壤质地耕层有机质含量情况：中壤土和重壤土有机质平均含量较高，分别为20.5g/kg、20.4g/kg，标准差分别为4.58、5.42，轻壤土有机质含量相对相低，平均含量为18.2g/kg，标准差为5.23。全区有机质含量最大值和最小值均出现在中壤土(见表4-7)。

表 4-7　　不同土壤质地耕层有机质含量分布表

土壤质地	个数(个)	所占比例(%)	标准差	变幅(g/kg)	平均含量(g/kg)
轻壤土	117	11.5	5.23	15.7～30.5	18.2
中壤土	879	86.4	4.58	5.9～30.5	20.5
重壤土	22	2.1	5.42	10.5～30.2	20.4

1980 年土壤普查时,中壤土、重壤土、轻壤土的有机质含量分别为 14.0g/kg、16.1g/kg、12.6g/kg,可以看出,有机质含量现在已明显提高。

第二节　土壤大量元素

本次调查中,全氮化验了 961 个样品,碱解氮化验了 776 个样品,有效磷化验了 1017 个样品,缓效钾化验了 772 个样品,速效钾化验了 1017 个样品。

经过化验分析可知,周村区耕层土壤的大量元素含量属于中等或中等偏上水平。其中,全氮和碱解氮处于 3 级水平,有效磷、缓效钾、速效钾均处于 4 级水平。土壤中各种大量元素含量均比 1980 年土壤普查时明显提高。各种养分的分布规律也有一致性,均是水浇地的含量高于旱地的。整体来说,城北路、南郊、北郊养分含量较高,王村和萌水相对较低。不同土壤亚类之间,一般是砂姜黑土和潮褐土养分含量较高,其次是褐土,褐土性土养分含量相对较低。不同土壤质地之间,从高到低是重壤土、中壤土、轻壤土。

一、土壤全氮和碱解氮

(一)土壤全氮

氮素是作物生长的重要营养元素之一。土壤氮素在土壤肥力中起着相当重要的作用。研究表明,即使在施用大量氮肥的情况下,作物中积累的氮素仍有 50%左右来自土壤。土壤全氮主要包括有机态氮和无机态氮,即包括作物当时不能直接吸收和能直接吸收的土壤中的全部氮素。

周村区耕层土壤的全氮平均含量为 1.11g/kg,变幅为 0.12～1.68g/kg,标准差为 0.19。其中,处于 1 级水平的占总耕地面积的 0.83%,2 级水平的占 34.76%,3 级水平的占 37.88%,4 级水平的占 21.54%,5 级水平的占 4.27%,6 级及以下水平的只占 0.73%。总体来看,全氮含量中等(见表 4-8)。

表 4-8　　耕层土壤全氮含量分级及面积统计表

级别	1	2	3	4	5	6	7	总计	标准差	变幅(g/kg)	平均含量(g/kg)
标准	≥1.5	1.2～1.5	1.0～1.2	0.75～1.0	0.5～0.75	0.3～0.5	<0.3				
样本个数(个)	7	334	365	207	41	5	2	961			

续表

级别	1	2	3	4	5	6	7	总计	标准差	变幅(g/kg)	平均含量(g/kg)
标准	≥1.5	1.2～1.5	1.0～1.2	0.75～1.0	0.5～0.75	0.3～0.5	<0.3				
耕地面积(hm^2)	86.70	363.13	3957.06	2250.13	445.06	54.32	20.9	10446.3	0.19	0.12～1.68	1.11
占总耕地比例(%)	0.83	34.76	37.88	21.54	4.27	0.52	0.21	100			

1980 年土壤普查时，全氮的平均含量为 0.67g/kg，目前土壤全氮含量提高了 0.44g/kg，这与农户增施有机肥及对尿素、碳酸氢铵等氮素肥料的投入显著提高有关。

水浇地和旱地耕层全氮含量情况：水浇地高于旱地，平均含量分别为 1.12g/kg 和 1.06g/kg，标准差相差不大，水浇地的变幅大于旱地(见表 4-9)。

表 4-9　　不同耕地利用类型耕层全氮含量统计表

利用类型	个数(个)	所占比例(%)	标准差	变幅(g/kg)	平均含量(g/kg)
水浇地	774	80.54	0.36	0.12～1.68	1.12
旱地	187	19.46	0.37	0.48～1.50	1.06

不同土壤亚类耕层全氮含量情况：潮褐土、褐土、砂姜黑土、褐土性土平均含量相差不大，分别为 1.07mg/kg、1.12mg/kg、1.12mg/kg、1.05mg/kg(见表 4-10)。1980 年土壤普查时，潮褐土、褐土、砂姜黑土、褐土性土平均含量分别为 0.73g/kg、0.68g/kg、0.77g/kg、0.48g/kg。

表 4-10　　不同土壤亚类耕层全氮含量分布表

土壤亚类	个数(个)	所占比例(%)	标准差	变幅(g/kg)	平均含量(g/kg)
潮褐土	229	23.83	0.21	0.23～1.53.	1.07
褐土	672	69.93	0.19	0.12～1.68	1.12
砂姜黑土	48	5.00	0.18	0.64～1.34	1.12
褐土性土	11	1.14	0.22	0.6～1.47	1.05

不同区域耕层全氮平均含量差别不大，都在 1.0g/kg 左右，但在各级水平的分布比例有所差异。总体来说，处于 1 级水平(≥1.5g/kg)和 5～7 级水平(≤0.75g/kg)的土壤所占比例极小。北郊、萌水、南郊全氮含量处于 2、3 级水平的土壤比例较大，城北路处于 4 级水平的土壤比例较大，王村基本均匀处于 2～4 级(见表 4-11)。

表 4-11　　不同区域耕层全氮含量分布表

区域	级别	1	2	3	4	5	6	7	总计	标准差	变幅(g/kg)	平均含量(g/kg)
	标准	≥1.5	1.2～1.5	1～1.2	0.75～1.0	0.5～0.75	0.3～0.5	<0.3				
北郊	个数(个)	1	98	116	48	5	0	0	268	0.16	0.42～1.54	1.13
	所占比例(%)	0.38	36.57	43.29	17.91	1.85	0	0	100			
城北路	个数(个)	1	3	2	24	4	0	0	34	0.20	0.71～1.53	0.93
	所占比例(%)	3.0	8.83	5.89	70.59	11.69	0	0	100			
萌水	个数(个)	1	68	88	42	0	0	0	199	0.13	0.78～1.68	1.13
	所占比例(%)	0.51	34.17	44.21	21.11	0	0	0	100			
南郊	个数(个)	4	92	99	24	3	1	0	223	0.16	0.47～1.62	1.17
	所占比例(%)	1.80	41.26	44.40	10.77	1.35	0.42	0	100			
王村	个数(个)	1	73	58	69	29	3	2	235	0.26	0.12～1.50	1.04
	所占比例(%)	0.43	31.07	24.68	29.37	12.34	1.28	0.83	100			

不同土壤质地耕层全氮含量有所差异，从高到低依次为重壤土、中壤土、轻壤土，平均含量分别为 1.23g/kg、1.11g/kg、1.10g/kg。重壤土变幅为 1.10～1.45g/kg，中壤土变幅为 0.12～1.68g/kg，轻壤土变幅为 0.48～1.54g/kg。最大值和最小值都出现在中壤土(见表 4-12)。

表 4-12　　不同土壤质地耕层全氮含量分布表

土壤质地	个数(个)	所占比例(%)	标准差	变幅(g/kg)	平均含量(g/kg)
轻壤土	106	11.03	0.19	0.48～1.54	1.10
中壤土	834	86.78	0.19	0.12～1.68	1.11
重壤土	21	2.19	0.08	1.10～1.45	1.23

1980 年土壤普查时，重壤土、中壤土、轻壤土平均含量分别为 0.95g/kg、0.68g/kg、0.82g/kg。可以看出，含量已明显提高。

(二)土壤碱解氮

土壤碱解氮是作物能直接吸收的养分。776 个耕层土壤样品的分析表明，周村区耕层土壤碱解氮平均含量为108mg/kg，含量较丰富，变幅为22～220mg/kg，标准差为24.5，处于1级水平的占总耕地面积的5.28%，2级水平的占27.30%，3级水平的占43.17%，4级水平的占15.85%，5级水平的占6.57%，6级水平的占1.83%（见表4-13）。

表4-13　耕层土壤碱解氮含量分级及面积统计表

级别	1	2	3	4	5	6	总计	标准差	变幅（mg/kg）	平均含量（mg/kg）
标准	≥150	120～150	90～120	75～90	60～75	45～60				
样本个数（个）	42	212	335	123	51	13	776			
耕地面积（hm^2）	551.56	2851.84	4509.67	1655.74	686.32	191.17	10446.3	24.5	22～220	108
占总耕地比例（%）	5.28	27.30	43.17	15.85	6.57	1.83	100			

1980年土壤普查时，碱解氮平均含量为61mg/kg。此次数值明显高，这与多年来农户对尿素、碳酸氢铵等氮素肥料的投入显著提高及推广增施有机肥、秸秆还田等农业措施密切相关。

水浇地和旱地的碱解氮含量差异不大，平均含量分别为114mg/kg和107mg/kg，变幅分别为22～185mg/kg、57～220mg/kg，标准差分别为23.72、27.23，并且均是处于3级水平的比例较大，所占比例分别为44.82%、35.97%。

不同土壤亚类之间碱解氮含量差异不大。潮褐土、褐土、砂姜黑土、褐土性土平均含量分别为144mg/kg、118mg/kg、103mg/kg、118mg/kg。全区最大值和最小值均出现在潮褐土，变幅较大（见表4-14）。

表4-14　不同土壤亚类耕层碱解氮含量分布表

土壤亚类	个数（个）	所占比例（%）	标准差	变幅（mg/kg）	平均含量（mg/kg）
潮褐土	198	25.52	24	22～181	144
褐土	521	67.14	25	55～220	118
砂姜黑土	49	6.31	23	67～174	103
褐土性土	8	1.03	27	81～170	118

1980年土壤普查时，潮褐土、褐土、砂姜黑土、褐土性土平均含量分别为62mg/kg、56mg/kg、64mg/kg、37mg/kg。可以看出，含量已明显提高。

不同区域耕层土壤碱解氮含量情况：从高到低依次为王村、南郊、城北路、北郊、萌水，分别为120mg/kg、118mg/kg、105mg/kg、100mg/kg、100mg/kg，总体来说差异不大。最大值出现在南郊，为 220mg/kg，最小值出现在北郊，为 22mg/kg(见表 4-15)。

表 4-15　　不同区域耕层碱解氮含量分布表

区域	个数(个)	所占比例(%)	标准差	变幅(mg/kg)	平均含量(mg/kg)
北郊	267	34.41	21	22～174	100
城北路	36	4.64	11	89～129	105
萌水	139	17.91	25	57～185	100
南郊	191	24.61	26	55～220	118
王村	143	18.43	20	55～177	120

不同土壤质地耕层碱解氮含量差异不大，轻壤土、中壤土、重壤土平均含量分别为 106mg/kg、108mg/kg、110mg/kg，变幅分别为 59～163mg/kg、22～220mg/kg、67～174mg/kg。最大值和最小值都出现在中壤土。

1980 年土壤普查时，轻壤土、中壤土、重壤土碱解氮平均含量分别为 53mg/kg、60mg/kg、53mg/kg。可以看出，含量已明显提高。

二、土壤有效磷

通常所谓的土壤有效磷是指采用某一特定方法所测出的土壤中的有效磷含量。应用不同的测定方法，在同一土壤中可以得到不同的有效磷含量。因此，土壤有效磷水平只是一个相对指标，但是这一指标在实际生产中有重大意义，它可以相对地说明土壤的供磷水平。可以作为一个指标，判断是否需要施用磷肥。

磷在植物体内的作用极为重要。磷是核酸、磷脂的组分，参与生物膜、原生质和细胞核构成。磷是许多辅酶的组分，因而参与物质的合成、分解与转化等过程。缺磷时代谢过程受阻，株体瘦小，茎叶由暗绿渐变为紫红，分枝或分蘖减少，延迟成熟，果实与种子小且不饱满。

周村区耕层土壤有效磷平均含量为 48.0mg/kg，含量中等，有待进一步提高，标准差为 25.9，变幅为 3.0～100.6mg/kg。处于 1 级水平的没有，2 级水平的占总耕地面积的 16.5%，3 级水平的占 24.2%，4 级水平的占 28.9%，5 级水平的占 18.0%，6 级水平的占 6.4%，7 级水平的占 3.2%，8 级水平的占 2.0%，9 级水平的占 0.79%(见表 4-16)。

表 4-16　　耕层有效磷含量分级及面积统计表

级别	2	3	4	5	6	7	8	9	总计	标准差	变幅(mg/kg)	平均含量(mg/kg)
标准	80～120	50～80	30～50	20～30	15～20	10～15	5～10	<5				
样本个数(个)	168	247	294	183	65	32	20	8	1017			

续表

级别	2	3	4	5	6	7	8	9	总计	标准差	变幅(mg/kg)	平均含量(mg/kg)
标准	80～120	50～80	30～50	20～30	15～20	10～15	5～10	<5				
耕地面积(hm²)	1723.64	2528.00	3019.00	1880.33	668.56	334.28	208.93	83.56	10446.3	25.9	3.0～100.6	48.0
占总耕地比例(%)	16.5	24.2	28.9	18.0	6.4	3.2	2.0	0.79	100			

1980年土壤普查时，有效磷平均含量为12mg/kg，此次数值有了显著提高，这与20多年来农户增施磷肥、增施有机肥、推广秸秆还田有很大关系。

水浇地耕层有效磷含量高于旱地，分别为49.1mg/kg、44.3mg/kg，最大值分别为100.0mg/kg、100.6mg/kg，最小值均为3.0mg/kg。两者变幅均较大(见表4-17)。

表4-17　不同耕地利用类型耕层有效磷含量统计表

利用类型	个数(个)	所占比例(%)	标准差	变幅(mg/kg)	平均含量(mg/kg)
水浇地	798	78.47	25.62	3.0～100.0	49.1
旱地	219	21.53	26.43	3.0～100.6	44.3

不同土壤亚类耕层有效磷含量情况：潮褐土、褐土、砂姜黑土之间差异不大，平均含量分别为46.2mg/kg、49.4mg/kg、42.1mg/kg，褐土性土平均含量相对较低，为28.3mg/kg。从标准差来看，砂姜黑土和褐土性土均匀性稍好。

1980年土壤普查时，潮褐土、褐土、砂姜黑土、褐土性土耕层土壤有效磷平均含量分别为15mg/kg、10mg/kg、20mg/kg、5mg/kg。可以看出，各亚类土壤有效磷含量均已明显提高(见表4-18)。

表4-18　不同土壤亚类耕层有效磷含量分布表

土壤亚类	个数(个)	所占比例(%)	标准差	变幅(mg/kg)	平均含量(mg/kg)
潮褐土	241	23.70	26.2	4.2～100.0	46.2
褐土	715	70.30	26.2	3.0～100.6	49.4
砂姜黑土	49	4.82	17.3	12.4～93.5	42.1
褐土性土	12	1.18	11.8	12.4～48.2	28.3

不同区域耕层有效磷含量情况：南郊有效磷含量明显高于其他区域，达到72.6mg/kg，变幅为7.2～100.2mg/kg。北郊、城北路、萌水、王村平均含量相差不大，分别为38.6mg/kg、40.2mg/kg、37.3mg/kg、45.3mg/kg，这可能与群众的施肥习惯有关。最大值出现在王村，最小值出现在萌水(见表4-19)。

表 4-19 不同区域耕层有效磷含量分布表

区域	个数(个)	所占比例(%)	标准差	变幅(mg/kg)	平均含量(mg/kg)
北郊	269	26.45	18.8	9.4～97.2	38.6
城北路	37	3.64	20.1	4.2～94.2	40.2
荫水	227	22.32	20.2	3.0～99.0	37.3
南郊	242	23.80	21.6	7.2～100.2	72.6
王村	242	23.80	26.1	3.7～100.6	45.3

不同土壤质地耕层有效磷平均含量差异较大，中壤土含量最高，达到 49.1mg/kg，轻壤土次之，为 40.5mg/kg，重壤土含量最低，为 19.7mg/kg。从变幅来看，重壤土变幅较小，中壤土和轻壤土变幅较大。从标准差来看，重壤土均匀性稍好(见表 4-20)。

表 4-20 不同土壤质地耕层有效磷含量分布表

土壤质地	个数(个)	所占比例(%)	标准差	变幅(mg/kg)	平均含量(mg/kg)
轻壤土	117	11.50	22.0	3.0～100.6	40.5
中壤土	879	86.43	26.3	3.0～100.2	49.1
重壤土	21	2.06	12.5	2.9～38.2	19.7

1980 年土壤普查时，中壤土、轻壤土、重壤土有效磷平均含量分别为 13mg/kg、8mg/kg、12mg/kg。可以看出，含量已明显提高。

三、土壤缓效钾和速效钾

(一)土壤缓效钾

缓效钾含量水平反映钾素的供钾能力。772 个土壤样品的缓效钾含量分析表明，周村区耕层土壤缓效钾平均含量为 662mg/kg，含量略显不足，有待于进一步提高，标准差为 206，变幅为 101～1401mg/kg。处于 1 级水平的只占总耕地面积的 0.77%，2 级水平的占 10.45%，3 级水平的占 21.55%，4 级水平的占 47.09%，5 级水平的占 16.77%，6 级水平的占 3.35%(见表 4-21)。

表 4-21 耕层土壤缓效钾含量分级及面积统计表

级别	1	2	3	4	5	6	总计	标准差	变幅(mg/kg)	平均含量(mg/kg)
标准	≥1200	900～1200	750～900	500～750	300～500	<300				
样本个数(个)	6	81	167	364	129	25	772			
耕地面积(hm^2)	80.44	1091.64	2251.18	4919.16	1751.84	352.04	10446.3	206	101～1401	662

续表

级别	1	2	3	4	5	6	总计	标准差	变幅(mg/kg)	平均含量(mg/kg)
标准	≥1200	900～1200	750～900	500～750	300～500	<300				
占总耕地比例(%)	0.77	10.45	21.55	47.09	16.77	3.35	100			

水浇地缓效钾含量明显高于旱地，两者分别为679mg/kg和587mg/kg，变幅分别为101～1401mg/kg、105～1363mg/kg，标准差分别为195.3和233.9。各级养分的分布规律均是处于4级水平的比例最大，分别为47.61%、45.83%。水浇地的均匀性略好，最大值、最小值均出现在水浇地。

不同土壤亚类耕层缓效钾含量情况：缓效钾含量受成土母质影响较大，不同亚类之间差异较大。砂姜黑土平均含量最高，为753mg/kg，变幅为491～1194mg/kg，褐土最低，为635mg/kg，变幅为101～1363mg/kg，潮褐土为718mg/kg，变幅为342～1401mg/kg，褐土性土为700mg/kg，变幅为626～812mg/kg。4种亚类的土壤缓效钾含量多数集中在500～750mg/kg。周村区耕层土壤缓效钾的最大值为1401mg/kg，出现在潮褐土，最小值为101mg/kg，出现在褐土。从标准差来看，褐土性土的波动性最小，褐土的波动性最大(见表4-22)。

表4-22　不同土壤亚类耕层缓效钾含量分布表

土壤亚类	个数(个)	所占比例(%)	标准差	变幅(mg/kg)	平均含量(mg/kg)
潮褐土	194	25.13	195	342～1401	718
褐土	535	69.30	209	101～1363	635
砂姜黑土	38	4.92	143	491～1194	753
褐土性土	5	0.65	74	626～812	700

不同区域耕层缓效钾含量情况：不同区域之间差异较大，南郊含量最高，处于3级水平，萌水含量最低，处于4级水平。从高到低依次为南郊、北郊、城北路、王村、萌水，平均含量分别为800mg/kg、766mg/kg、654mg/kg、571mg/kg、540mg/kg。最大值出现在南郊，最小值出现在王村。南郊、北郊处于3、4级水平的比例较大，分别达到69.68%、83.6%，城北路处于1、4级水平的比例较大，达到64.87%，萌水、王村处于4、5级水平的比例较大，分别达到86.94%、61.61%。从变幅来看，王村波动较大，城北路波动性稍小，这可能与城北路全为水浇地、王村既有水浇地又有旱地有关(见表4-23)。

表 4-23　　不同区域耕层缓效钾含量分布表

区域	级别	1	2	3	4	5	6	总计	标准差	变幅(mg/kg)	平均含量(mg/kg)
	标准	≥1200	900～1200	750～900	500～750	300～500	<300				
北郊	个数(个)	1	28	74	145	14	0	262	149	321～1217	766
	所占比例(%)	0.39	10.69	28.25	55.35	5.32	0	100			
城北路	个数(个)	10	1	2	14	0	0	37	119	511～934	654
	所占比例(%)	27.03	2.71	5.41	37.84	0	0	100			
萌水	个数(个)	0	1	16	87	66	6	176	148	101～994	540
	所占比例(%)	0	0.57	9.09	49.44	37.50	3.40	100			
南郊	个数(个)	3	38	50	58	6	0	155	181	410～1401	800
	所占比例(%)	1.94	24.52	32.26	37.42	3.86	0	100			
王村	个数(个)	2	13	25	61	51	20	172	243	51～1318	571
	所占比例(%)	1.17	7.56	14.54	35.47	29.66	26.14	100			

不同土壤质地耕层缓效钾含量情况：不同土壤质地耕层缓效钾含量差异较大，重壤土含量最高，为 755mg/kg，处于 3 级水平，其次为中壤土，为 675mg/kg，处于 4 级水平，最低为轻壤土，为 546mg/kg，处于 4 级水平。最大值和最小值都出现在中壤土。重壤土含量处于 3 级水平的比例较大，达到 42.86%，中壤土含量处于 4 级水平的比例较大，达到 49.70%，轻壤土处于 5 级水平的比例较大，达到 32.18%（见表 4-24）。

表 4-24　　不同土壤质地耕层缓效钾含量分布表

质地	级别	1	2	3	4	5	6	总计	标准差	变幅(mg/kg)	平均含量(mg/kg)
	标准	≥1200	900～1200	750～900	500～750	300～500	<300				
轻壤土	个数(个)	0	9	11	25	28	14	87	252.6	105～1111	546
	所占比例(%)	0	10.34	12.64	28.74	32.18	16.09	100			

续表

级别		1	2	3	4	5	6	总计	标准差	变幅(mg/kg)	平均含量(mg/kg)
标准		≥1200	900～1200	750～900	500～750	300～500	<300				
中壤土	个数(个)	6	70	150	335	101	12	674	194.9	101～1401	675
	所占比例(%)	0.89	10.39	22.26	49.70	14.99	1.78	100			
重壤土	个数(个)	0	2	6	5	1	0	14	173.9	491～1194	755
	所占比例(%)	0	14.29	42.86	35.71	7.14	0	100			

（二）土壤速效钾

钾元素可以提高光合作用的强度，促进作物体内淀粉和糖的形成，增强作物的抗逆性和抗病能力，还能提高作物对氮的吸收利用。供钾不足时，植株最初生长速率下降，以后老叶出现缺绿症，叶尖与叶缘先枯黄，继而整个叶片枯黄，即所谓缺钾赤枯病。缺钾时抗逆性降低，易倒伏。严重缺钾时蛋白质代谢失调，导致有毒胺类（腐胺与鲱精胺）生成。

周村区耕层土壤速效钾平均含量为 126mg/kg，含量中等，标准差为 53.7，变幅为 40～299mg/kg。其中 1 级水平的没有，2 级水平的占总耕地面积的 9.00%，3 级水平的占 17.90%，4 级水平的占 20.45%，5 级水平的占 17.30%，6 级水平的占 21.14%，7 级水平的占 11.11%，8 级水平的占 3.00%（见表 4-25）。

表 4-25　　耕层土壤速效钾含量分级及面积统计表

级别	2	3	4	5	6	7	8	总计	标准差	变幅(mg/kg)	平均含量(mg/kg)
标准	200～300	150～200	120～150	100～120	75～100	50～75	<50				
样本个数(个)	92	183	208	176	215	113	30	1017			
耕地面积(hm^2)	940.17	1869.89	2136.27	1807.21	2235.51	1160.58	296.67	10446.3	53.7	40～229	126
占总耕地比例(%)	9.00	17.90	20.45	17.30	21.14	11.11	3.00	100			

1980 年土壤普查时，速效钾平均含量为 104mg/kg，可以看出，含量提高了 22mg/kg，这与提倡增施钾肥有关。

水浇地速效钾平均含量明显高于旱地，两者分别为 132mg/kg 和 103mg/kg，标准差分别为53.4和49.0，旱地的均匀性略好，全区最大值出现在水浇地。从分布规律来看，水浇地的速效钾含量处于3、4级的比例较大，达到43.11%。旱地的速效钾含量处于6、7级的比例较大，达到49.31%（见表4-26）。

表4-26　　不同耕地利用类型耕层速效钾含量分布表

	级别	1	2	3	4	5	6	7	8	总计	标准差	变幅(mg/kg)	平均含量(mg/kg)
	标准	≥300	200～300	150～200	120～150	100～120	75～100	50～75	<50				
水浇地	个数（个）	0	83	163	181	137	151	70	14	798	53.4	40～299	132
	所占比例（%）	0	10.4	20.43	22.68	17.17	18.92	8.78	1.75	100			
旱地	个数（个）	0	9	19	27	39	64	44	17	219	49.0	40～279	103
	所占比例（%）	0	0.41	8.67	12.33	17.80	29.22	20.09	7.76	100			

不同土壤亚类耕层速效钾含量情况：不同亚类之间差异较大，砂姜黑土的速效钾平均含量最高，为150mg/kg，处于3级水平，褐土性土含量最低，为78mg/kg，处于6级水平，褐土和潮褐土含量分别为126mg/kg、124mg/kg，处于4级水平。从分布规律来看，砂姜黑土速效钾含量处于3、4级水平的比例较大，达到63.27%，褐土性土速效钾含量处于6、7级水平的比例较大，达到75.00%，褐土和潮褐土处于3～6级水平的分布比较均匀。从标准差来看，褐土性土均匀性稍好。1980年土壤普查时，砂姜黑土、褐土、潮褐土、褐土性土速效钾平均含量分别为123mg/kg、99mg/kg、112mg/kg、82mg/kg。可以看出，各亚类速效钾含量已明显提高（见表4-27）。

表4-27　　不同土壤亚类耕层速效钾含量分布表

	级别	1	2	3	4	5	6	7	8	总计	标准差	变幅(mg/kg)	平均含量(mg/kg)
	标准	>300	200～300	150～200	120～150	100～120	75～100	50～75	<50				
潮褐土	个数（个）	0	21	34	56	45	52	29	4	241	51	43～299	124
	所占比例（%）	0	8.71	14.11	23.24	18.67	21.58	12.03	1.66	100			
褐土	个数（个）	0	63	135	124	129	149	86	29	715	55	40～298	126
	所占比例（%）	0	8.81	18.88	17.34	18.04	20.84	12.03	4.06	100			

续表

	级别	1	2	3	4	5	6	7	8	总计	标准差	变幅(mg/kg)	平均含量(mg/kg)
	标准	>300	200～300	150～200	120～150	100～120	75～100	50～75	<50				
砂姜黑土	个数(个)	0	6	12	19	6	6	0	0	49	48	77～297	150
	所占比例(%)	0	12.24	24.49	38.78	12.24	12.24	0	0	100			
褐土性土	个数(个)	0	0	0	1	1	4	5	1	12	26	43～129	78
	所占比例(%)	0	0	0	8.33	8.33	33.33	41.67	12.33	100			

不同区域耕层速效钾含量情况：不同区域之间差异较大，从高到低依次为城北路、南郊、北郊、萌水、王村，平均含量分别为165mg/kg、153mg/kg、126mg/kg、119mg/kg、101mg/kg。城北路处于2～4级水平的比例较大，南郊、北郊处于3～5级水平的比例较大，萌水处于4～6级水平的比例较大，王村处于5～7级水平的比例较大(见表4-28)。

表4-28　　不同区域耕层速效钾含量分布表

	级别	1	2	3	4	5	6	7	8	总计	标准差	变幅(mg/kg)	平均含量(mg/kg)
	标准	≥300	200～300	150～200	120～150	100～120	75～100	50～75	<50				
北郊	个数(个)	0	17	48	67	60	52	24	1	269	44.4	42～297	126
	所占比例(%)	0	6.32	17.85	24.91	22.31	19.33	8.93	0.35	100			
城北路	个数(个)	0	9	9	12	3	3	1	0	37	58	61～282	165
	所占比例(%)	0	24.33	24.33	32.44	8.11	8.11	2.71	0	100			
萌水	个数(个)	0	14	34	42	39	71	26	1	227	48	47～289	119
	所占比例(%)	0	6.17	14.98	18.51	17.18	31.28	11.46	0.42	100			
南郊	个数(个)	0	35	76	60	42	25	3	1	242	52	48～299	153
	所占比例(%)	0	14.47	31.41	24.80	17.36	10.33	1.24	0.39	100			
王村	个数(个)	0	17	15	27	32	64	59	28	242	55	40～298	101
	所占比例(%)	0	7.03	6.20	11.16	13.23	26.45	24.38	11.57	100			

不同土壤质地耕层速效钾含量情况：平均含量从高到低依次为重壤土、中壤土、轻壤土，分别为 145mg/kg、127mg/kg、117mg/kg。1980 年土壤普查时，重壤土、中壤土、轻壤土耕层速效钾平均含量分别为 125mg/kg、107mg/kg、100mg/kg。可以看出，速效钾含量已明显提高（见表 4-29）。

表 4-29　不同土壤质地耕层速效钾含量分布表

土壤质地	个数（个）	所占比例（%）	标准差	变幅（mg/kg）	平均含量（mg/kg）
轻壤土	117	11.50	55.4	41～285	117
中壤土	879	86.43	53.3	40～299	127
重壤土	21	2.07	59.3	59～292	145

第三节　土壤中量元素

中量元素是指植物体内含量相对较高的营养元素，通常包括钙、镁、硫 3 种。土壤有效硅被视为有益元素，土壤中含量较大，故此次调查也作为中量元素来进行分析。其中，交换性钙、交换性镁分别分析了 776 个样品，有效硫分析了 865 个样品，有效硅分析了 721 个样品。

通过分析可知，周村区耕层土壤有效硫含量较低，属于缺硫状态，而交换性钙、交换性镁及有效硅含量较丰富。一般来说，石灰性母质形成的土壤，碳酸盐含量丰富，交换性钙含量高，交换性镁含量亦高。周村区耕层土壤交换性钙、交换性镁及有效硅含量分布规律也有一致性，均是：水浇地＞旱地、砂姜黑土＞潮褐土＞褐土＞褐土性土。不同土壤质之间，一般是重壤土中养分含量最高。

一、土壤有效硫

硫是非常重要的元素，有的国家已将硫确认为植物学的第四营养元素。

硫是对农作物生长十分有益的元素，在植物新陈代谢中具有多种作用，尤其是在氨基酸蛋白质的形成过程中起着重要的作用，并对作物蛋白质、油脂、维生素以及葡萄糖合成影响较大。氮被植物吸收是以硫存在为前提的。在某种情况下，硫对土壤吸收磷酸盐也起重要作用。缺硫，不仅抑制作物的生长和产量，而且降低农产品的质量。

周村区耕层土壤有效硫平均含量为 19.3mg/kg，处于 6 级水平，标准差为 8.0，变幅为 6.1～98.4mg/kg。有效硫含量较低，在以后的农业生产中，应加大硫肥的施用量。其中，处于 1 级水平的没有，2 级水平的占总耕地面积的 0.23%，3 级水平的占 0.23%，4 级水平的占 0.92%，5 级水平的占 5.4%，6 级水平的占 66.36%，7 级水平的占 26.82%（见表 4-30）。

表 4-30　　耕层土壤有效硫含量分级及面积统计表

级别	2	3	4	5	6	7	合计	标准差	变幅(mg/kg)	平均含量(mg/kg)
标准	75～100	60～75	45～60	30～45	15～30	<15				
样本个数(个)	2	2	8	47	574	232	865	8.0	6.1～98.4	19.3
耕地面积(hm^2)	24.03	24.03	96.11	564.10	6932.16	2805.87	10446.3			
占总耕地比例(%)	0.23	0.23	0.92	5.43	66.36	26.82	100			

通过化验数据统计分析可知，不同耕地利用类型之间有效硫含量差异不大。水浇地平均含量为 19.4mg/kg，旱地平均含量为 19.1mg/kg，标准差分别为 8.5、5.4，变幅分别为 6.1～98.4mg/kg、9.7～40.6mg/kg。

不同土壤亚类之间有所差异，从高到低依次为砂姜黑土、潮褐土、褐土、褐土性土，平均含量分别为 21.0mg/kg、20.2mg/kg、19.0mg/kg、16.4mg/kg(见表 4-31)。

表 4-31　　不同土壤亚类耕层有效硫含量分布表

土壤亚类	个数(个)	所占比例(%)	标准差	变幅(mg/kg)	平均含量(mg/kg)
潮褐土	191	22.34	10.5	9.1～98.4	20.2
褐土	609	71.23	7.1	6.1～83.9	19.0
砂姜黑土	44	5.15	5.8	12.3～43.3	21.0
褐土性土	11	1.28	2.4	12.0～20.1	16.4

不同区域之间也有差异，从高到低依次为北郊、萌水、南郊、王村、城北路，平均含量分别为 20.0mg/kg、19.8mg/kg、19.2mg/kg、18.6mg/kg、16.5mg/kg(见表 4-32)。

表 4-32　　不同区域耕层有效硫含量分布表

区域	个数(个)	所占比例(%)	标准差	变幅(mg/kg)	平均含量(mg/kg)
北郊	244	28.54	10	8.6～98.4	20.0
城北路	19	2.22	3.4	12.1～26.3	16.5
萌水	195	22.81	7.5	6.1～53.4	19.8
南郊	165	19.30	7.0	9.1～70.2	19.2
王村	232	27.13	6.94	9.1～83.9	18.6

不同土壤质地之间有效硫的含量差异较大。重壤土含量最高，为 24.0mg/kg，其次为轻壤土，为 21.3mg/kg，中壤土含量最低，为 18.9mg/kg(见表 4-33)。

表 4-33　不同土壤质地耕层有效硫含量分布表

土壤质地	个数(个)	所占比例(%)	标准差	变幅(mg/kg)	平均含量(mg/kg)
轻壤土	100	11.56	7.7	8.6～53.4	21.3
中壤土	744	86.01	7.9	6.1～98.4	18.9
重壤土	21	2.43	6.7	12.1～43.3	24.0

二、土壤交换性钙

土壤中的钙以多种形态存在，以碳酸盐形式为主，其含量高低与土壤的酸碱性、盐基饱和度、土壤结构、土壤胶体的交换性能、各种养分的有效性有密切的关系。通常用交换性钙含量作为土壤钙有效性的划分标准。

周村区耕层土壤交换性钙平均含量为 3835mg/kg，处于 3 级水平，含量比较丰富，标准差为 1722，变幅为 124～12924mg/kg，变化幅度很大。其中，处于 1 级水平的占总耕地面积的 12.9%，2 级水平的占 24.4%，3 级水平的占 30.2%，4 级水平的占 18.2%，5 级水平的占 6.7%，6 级水平的占 1.7%，7 级水平的占 1.4%，8 级水平的占 1.7%，9 级水平的占 2.8%(见表 4-34)。

表 4-34　耕层土壤交换性钙含量分级及面积统计表

级别	1	2	3	4	5	6	7	8	9	总计	标准差	变幅(mg/kg)	平均含量(mg/kg)
标准	≥6000	4000～6000	3000～4000	2500～3000	2000～2500	1500～2000	1000～1500	500～1000	<500				
样本个数(个)	99	188	233	140	50	12	10	13	21	776			
耕地面积(hm^2)	1347.57	2548.9	3154.78	1901.22	699.90	177.59	146.25	177.59	292.5	10446.3	1722	124～12924	3835
占总耕地比例(%)	12.9	24.4	30.2	18.2	6.7	1.7	1.4	1.7	2.8	100			

水浇地、旱地耕层交换性钙含量情况：水浇地平均含量高于旱地，两者分别为 3954mg/kg、3283mg/kg，标准差分别为 1807、1093，旱地的均匀性略好，全区最大值、最小值均出现在水浇地。从分布规律来看，水浇地的交换性钙含量在 2、3 级水平的所占比例最大，在 1、4 级水平的所占比例次之，旱地的交换性钙含量在 3、4 级水平的所占比例较大，2 级水平的所占比例次之(见表 4-35)。

表 4-35　　不同耕地利用类型耕层交换性钙含量统计表

级别		1	2	3	4	5	6	7	8	9	总计	标准差	变幅(mg/kg)	平均含量(mg/kg)
标准		≥6000	4000～6000	3000～4000	2500～3000	2000～2500	1500～2000	1000～1500	500～1000	<500				
水浇地	个数(个)	98	166	184	95	41	13	11	12	18	638	1807.6	124～12924	3954
	所占比例(%)	15.36	26.01	28.84	14.89	6.43	2.03	1.72	1.88	2.82	100			
旱地	个数(个)	2	22	50	46	11	0	0	1	4	136	1093.3	192～9111	3283
	所占比例(%)	1.47	16.18	36.76	33.82	8.08	0	0	0.74	2.94	100			

不同土壤亚类耕层交换性钙含量情况：不同土壤亚类之间差异较大，从高到低依次为砂姜黑土、潮褐土、褐土、褐土性土，平均含量分别为 4764mg/kg、4251mg/kg、3586mg/kg、3571mg/kg，其标准差分别为 1646、1800、1644、1104，褐土性土均匀性稍好。从分布规律来看，砂姜黑土交换性钙处于 1、2 级水平的比例较大，其次为 3 级，潮褐土处于 2、3 级水平的比例较大，其次为 1、4 级，褐土处于 3、4 级水平的比例较大，其次为 2、1 级，褐土性土处于 3、4 级水平的比例较大，其次为 2 级。全区平均含量最大值和最小值都出现在褐土(见表 4-36)。

表 4-36　　不同土壤亚类耕层交换性钙含量分布表

级别		1	2	3	4	5	6	7	8	9	总计	标准差	变幅(mg/kg)	平均含量(mg/kg)
标准		>6000	4000～6000	3000～4000	2500～3000	2000～2500	1500～2000	1000～1500	500～1000	<500				
潮褐土	个数(个)	38	63	47	30	17	5	1	2	2	205	1800	134～10623	4251
	所占比例(%)	18.54	30.73	22.93	14.63	8.29	2.44	0.49	0.98	0.98	100			
褐土	个数(个)	49	103	177	108	34	7	8	10	20	516	1644	124～12924	3586
	所占比例(%)	9.49	19.96	34.30	20.93	6.59	1.36	1.55	1.94	3.87	100			
砂姜黑土	个数(个)	13	23	9	0	1	1	2	1	0	50	1646	858～7965	4764
	所占比例(%)	26	46	18	0	2	2	4	2	0	100			

续表

	级别	1	2	3	4	5	6	7	8	9	总计	标准差	变幅(mg/kg)	平均含量(mg/kg)
	标准	>6000	4000～6000	3000～4000	2500～3000	2000～2500	1500～2000	1000～1500	500～1000	<500				
褐土性土	个数(个)	0	2	3	3	0	0	0	0	0	8	1104	2525～5653	3571
	所占比例(%)	0	25	37.5	37.5	0	0	0	0	0	100			

不同区域耕层交换性钙含量情况：不同区域之间差异较大，从高到低依次为北郊、城北路、萌水、南郊、王村，平均含量分别为4901mg/kg、3876mg/kg、3566mg/kg、3234mg/kg、2883mg/kg。这符合水浇地含量高于旱地的规律，因为北郊和城北路基本全部为水浇地，而其他区域既有水浇地也有旱地(见表4-37)。

表4-37　不同区域耕层交换性钙含量分布表

区域	个数(个)	所占比例(%)	标准差	变幅(mg/kg)	平均含量(mg/kg)
北郊	268	34.54	2091	529～12924	4901
城北路	37	4.77	1448	619～6659	3876
萌水	137	17.65	887	1834～7207	3566
南郊	181	23.32	715	1964～6939	3234
王村	142	18.30	1544	124～9111	2883

不同土壤质地耕层交换性钙含量情况：重壤土含量最高，为4733mg/kg，其次为轻壤土，为4289mg/kg，中壤土含量最低，为3749mg/kg。最大值和最小值均出现在中壤土(见表4-38)。

表4-38　不同土壤质地耕层交换性钙含量分布表

土壤质地	个数(个)	所占比例(%)	标准差	变幅(mg/kg)	平均含量(mg/kg)
轻壤土	85	10.95	1685	1834～8413	4289
中壤土	669	86.21	1711	124～12924	3749
重壤土	22	2.84	1755	1769～7965	4733

三、土壤交换性镁

周村区耕层土壤交换性镁平均含量为579mg/kg，处于2级水平，含量丰富，标准差为208，变幅为52～1539mg/kg。其中，处于1级水平的占总耕地面积的40.5%，2级水平的占44.9%，3级水平的占7.0%，4级水平的占2.4%，5级水平的占2.3%，6级水平的占0.5%，7级水平的占2.3%(见表4-39)。

表 4-39　　耕层交换性镁含量分级及面积统计表

级别	1	2	3	4	5	6	7	总计	标准差	变幅(mg/kg)	平均含量(mg/kg)
标准	≥600	400～600	300～400	250～300	200～250	150～200	<150				
样本个数(个)	315	349	55	18	17	4	18	776			
耕地面积(hm^2)	4230.75	4690.39	731.24	250.71	240.26	62.69	240.26	10446.3	208	52～1539	579
占总耕地比例(%)	40.5	44.9	7.0	2.4	2.3	0.5	2.3	100			

水浇地、旱地耕层交换性镁含量情况：水浇地明显高于旱地，两者分别为 597mg/kg、499mg/kg，标准差分别为 216.7、131.8，旱地的均匀性略好，全区最大值、最小值均出现在水浇地，水浇地的变幅较大，达到 1486mg/kg。水浇地、旱地的交换性镁含量均是在1、2级水平的所占比例最大，分别达到 86.22%、80.74%，即含量多数集中在 400～600 mg/kg(见表 4-40)。

表 4-40　　不同耕地利用类型耕层交换性镁含量分布表

利用类型	个数(个)	所占比例(%)	标准差	变幅(mg/kg)	平均含量(mg/kg)
水浇地	639	82.35	216.7	53～1539	597
旱地	137	17.65	131.8	52～849	499

不同土壤亚类耕层交换性镁含量情况：不同土壤亚类之间差异较大，从高到低依次为砂姜黑土、潮褐土、褐土、褐土性土，平均含量分别为 701mg/kg、655mg/kg、539mg/kg、466mg/kg。其中，砂姜黑土和潮褐土处于 1 级水平的比例较大，分别达到 64.00%、55.39%，褐土和褐土性土处于 2 级水平的比例较大，分别达到 50.58%、50.00%。最大值出现在潮褐土，最小值出现在褐土性土。褐土和褐土性土均匀性稍好(见表 4-41)。

表 4-41　　不同土壤亚类耕层交换性镁含量分布表

	级别	1	2	3	4	5	6	7	总计	标准差	变幅(mg/kg)	平均含量(mg/kg)
	标准	>600	400～600	300～400	250～300	200～250	150～200	<150				
潮褐土	个数(个)	113	69	13	2	3	2	2	204	249	53～1539	655
	所占比例(%)	55.39	33.82	6.37	0.98	1.47	0.98	0.98	100			

续表

	级别	1	2	3	4	5	6	7	总计	标准差	变幅(mg/kg)	平均含量(mg/kg)
	标准	>600	400～600	300～400	250～300	200～250	150～200	<150				
褐土	个数(个)	168	261	38	17	15	2	15	516	172	52～1155	0.93
	所占比例(%)	32.56	50.58	7.36	3.29	2.90	0.39	2.90	100			
砂姜黑土	个数(个)	32	16	2	0	0	0	0	50	236	302～1510	701
	所占比例(%)	64	32	4	0	0	0	0	100			
褐土性土	个数(个)	2	4	1	0	0	0	1	8	188	122～678	466
	所占比例(%)	25	50	12.5	0	0	0	0	100			

不同区域耕层土壤交换性镁含量情况：不同区域之间差异较大，从高到低依次为北郊、南郊、城北路、荫水、王村，平均含量分别为645mg/kg、590mg/kg、580mg/kg、549mg/kg、471mg/kg，标准差分别为293、76、177、92、403，南郊和荫水均匀性稍好，其他变幅较大。北郊处于1、2级水平的比例分别为55.77%、23.24%，南郊1级的为51.31%、2级的为46.4%，城北路1、2级的均为43.25%，荫水1级的为21.9%、2级的为71.54%，王村2级的为58.45%、3级的为16.91%(见表4-42)。

表4-42　不同区域耕层交换性镁含量分布表

	级别	1	2	3	4	5	6	7	总计	标准差	变幅(mg/kg)	平均含量(mg/kg)
	标准	>600	400～600	300～400	250～300	200～250	150～200	<150				
北郊	个数(个)	150	63	20	10	12	2	12	269	293	53～1539	645
	所占比例(%)	55.77	23.42	7.44	3.72	4.46	0.73	4.46	100			
城北路	个数(个)	16	16	5	0	0	0	0	37	177	302～995	580
	所占比例(%)	43.25	43.25	13.5	0	0	0	0	100			

续表

级别		1	2	3	4	5	6	7	总计	标准差	变幅(mg/kg)	平均含量(mg/kg)
标准		>600	400～600	300～400	250～300	200～250	150～200	<150				
萌水	个数(个)	30	98	4	2	3	0	0	137	92	221～771	549
	所占比例(%)	21.9	71.54	2.92	1.46	2.18	0	0	100			
南郊	个数(个)	98	89	1	2	1	0	0	191	76	217～748	590
	所占比例(%)	51.31	46.40	0.62	1.05	0.62	0	0	100			
王村	个数(个)	20	83	24	5	2	2	6	142	402.9	52～1044	471
	所占比例(%)	14.09	58.45	16.91	3.53	1.41	1.41	4.20	100			

不同土壤质地耕层交换性镁含量情况：不同土壤质地之间交换性镁含量差异较大，重壤土最高，为839mg/kg，其次为中壤土，为575mg/kg，轻壤土最低，为553mg/kg。重壤土处于1级的比例较大，为85.7%，2级的比例为14.3%，中壤土处于1、2级的比例差别不大，分别为40.59%、44.93%，轻壤土处于2级的比例较大，为52.94%，1级次之，为28.24%。最大值和最小值均出现在中壤土(见表4-43)。

表4-43　　不同土壤质地耕层交换性镁含量分布表

级别		1	2	3	4	5	6	7	总计	标准差	变幅(mg/kg)	平均含量(mg/kg)
标准		≥600	400～600	300～400	250～300	200～250	150～200	<150				
轻壤土	个数(个)	24	45	12	1	2	0	1	85	181.9	132～1155	553
	所占比例(%)	28.24	52.94	14.12	1.18	2.35	0	1.18	100			
中壤土	个数(个)	272	301	42	18	16	4	17	670	204.4	52～1539	575
	所占比例(%)	40.59	44.93	6.27	2.69	2.39	0.59	2.54	100			

续表

级别		1	2	3	4	5	6	7	总计	标准差	变幅(mg/kg)	平均含量(mg/kg)
标准		≥600	400～600	300～400	250～300	200～250	150～200	<150				
重壤土	个数(个)	18	3	0	0	0	0	0	21	246.2	504～1510	839
	所占比例(%)	85.7	14.3	0	0	0	0	0	100			

四、土壤有效硅

硅是作物需要的大量元素，作物体内含硅量的多少可影响细胞壁的厚薄，土壤硅供应充足还可防止作物倒伏。硅肥能促进水稻干物质的积累，增强抗病能力及抗倒伏能力，达到增产效果。硅在土壤中常以游离态，如石英、无定形二氧化硅以及硅酸盐或铝酸盐等形态存在。一般认为，有效硅含量低于 80mg/kg 的土壤是供硅能力弱的土壤，有效硅含量为 120mg/kg 的土壤是供硅能力中等的土壤，有效硅含量高于 200mg/kg 的土壤是供硅能力强的土壤。

通过化验分析可知，周村区耕层土壤有效硅平均含量为 507.35mg/kg，标准差为 143.98，变幅为 137.82～898.37mg/kg。总体来说，周村区耕层土壤含硅丰富，供硅能力强。各种情况的比较如下：水浇地＞旱地，砂姜黑土＞潮褐土＞褐土＞褐土性土，北郊＞萌水＞王村＞南郊＞城北路，重壤土＞轻壤土＞中壤土（见表 4-44）。

表 4-44　　耕层土壤有效硅含量统计表

名称	平均含量(mg/kg)	变幅(mg/kg)	标准差
全区耕层土壤	507.4	137.8～898.4	143.98
水浇地	520.7	137.8～898.4	143.11
旱地	433.8	141.1～846.8	135.70
潮褐土	518.4	157.1～795.3	136.40
褐土	493.7	137.8～846.8	142.08
褐土性土	392.3	316.4～600.4	103.5
砂姜黑土	630.9	384.6～898.4	134.85
北郊	605.0	219.8～898.4	109.31
城北路	376.8	235.2～540.4	72.02
萌水	582.7	349.3～846.8	109.11
南郊	400.4	137.8～691.4	110.12
王村	432.9	167.1～798.5	119.8

续表

名称	平均含量(mg/kg)	变幅(mg/kg)	标准差
轻壤土	515.8	210.9～798.5	130.65
中壤土	505.2	137.8～898.4	146.37
重壤土	544.7	235.2～717.4	120.67

第四节　土壤微量元素

测定土壤的微量元素，对研究成土母质、成土过程以及土壤分类，了解有效态微量元素的储量及评价农业环境质量有着重要意义。在目前的农业生产中，常大量使用氮肥、磷肥，造成养分失衡，作物营养元素失调，影响作物的产量和品质，因此，测定有效态微量元素含量尤其重要。可根据土壤中微量元素供给情况，采取合理的农业措施，以达到增加作物产量、提高作物品质的目的。

本次调查主要分析了铜、锌、铁、锰、硼、钼 6 种微量元素。其中，铜、铁、锰分别分析了 988 个样品，锌分析了 1000 个样品，硼分析了 1017 个样品，钼分析了 922 个样品。

通过分析可知，周村区耕层土壤各种微量元素含量较丰富。其中，铜、锌、钼均处于 2 级水平，铁、锰、硼均处于 1 级水平。

铜、锌、铁、锰的含量分布规律也有一些一致性。不同土壤亚类之间，铜、锌、铁、锰均有相同的规律：褐土＞潮褐土＞褐土性土，砂姜黑土中的铜、锌、铁、锰含量没有规律可循。不同土壤质地之间，各种微量元素均是重壤土中含量最低，其中锌、铁、锰都是：轻壤土＞中壤土＞重壤土，铜是：中壤土＞轻壤土＞重壤土。另外，锌和铜是：水浇地＞旱地，铁和锰是：旱地＞水浇地。

一、土壤有效铜

铜是作物正常生长所必需的营养元素，供应不足会引起特有的病症，合理施用铜肥不仅可提高作物产量，还可增强作物抗病能力和抗逆性。

周村区耕层土壤有效铜平均含量为 1.75mg/kg，处于 2 级水平，标准差为 0.93，变幅为 0.2～17mg/kg。其中，1 级水平的占总耕地面积的 36.6%，2 级水平的占 56.4%，3 级水平的占 7.0%。整体来说，有效铜含量较丰富(见表 4-45)。

表 4-45　耕层土壤有效铜含量分级及面积统计表

级别	1	2	3	总计	标准差	变幅(mg/kg)	平均含量(mg/kg)
标准	≥1.8	1.0～1.8	0.2～1.0				
样本个数(个)	361	557	70	988			

续表

级别	1	2	3	总计	标准差	变幅(mg/kg)	平均含量(mg/kg)
标准	≥1.8	1.0～1.8	0.2～1.0				
耕地面积(hm^2)	3823.35	5891.71	731.24	10446.3	0.93	0.2～17.0	1.75
占总耕地比例(%)	36.6	56.4	7.0	100			

水浇地和旱地耕层有效铜含量差异不大，平均含量分别为1.76mg/kg、1.71mg/kg，不过水浇地变幅较大，为0.2～17mg/kg，旱地变幅较小，为0.64～6.05mg/kg。

不同土壤亚类耕层有效铜含量情况：砂姜黑土、褐土、潮褐土差别不大，平均含量分别为1.78mg/kg、1.78mg/kg、1.66mg/kg，褐土性土有效铜含量相对较低，平均为1.45mg/kg，各亚类土壤均是2级比例较大、1级次之。最大值出现在褐土，最小值出现在潮褐土。潮褐土和褐土性土均匀性稍好(见表4-46)。

表4-46　不同土壤亚类耕层有效铜含量分布表

土壤亚类	个数(个)	所占比例(%)	标准差	变幅(mg/kg)	平均含量(mg/kg)
潮褐土	234	23.68	0.52	0.2～3.67	1.66
褐土	700	70.85	1.04	0.29～17.00	1.78
砂姜黑土	45	4.55	1.01	0.95～7.48	1.78
褐土性土	13	1.32	0.41	1.02～2.24	1.45

不同区域耕层有效铜含量情况：不同区域之间有所差异，从高到低依次为城北路、萌水、王村、南郊、北郊，平均含量分别为1.94mg/kg、1.87mg/kg、1.85mg/kg、1.69mg/kg、1.56mg/kg，标准差分别为0.51、1.57、0.66、0.47、0.71，最大值出现在萌水，最小值出现在王村。各地均是2级比例较大。总体来说，各地有效铜含量都比较丰富(见表4-47)。

表4-47　不同区域耕层有效铜含量分布表

区域	个数(个)	所占比例(%)	标准差	变幅(mg/kg)	平均含量(mg/kg)
北郊	247	25.00	0.71	0.83～7.48	1.56
城北路	37	3.74	0.51	1.26～3.61	1.94
萌水	228	23.08	1.57	0.64～17.00	1.87
南郊	241	24.39	0.47	0.29～3.23	1.69
王村	237	23.99	0.66	0.20～6.21	1.85

不同土壤质地耕层土壤有效铜含量情况：中壤土含量最高，为 1.77mg/kg，轻壤土次之，为 1.67mg/kg，重壤土最低，为 1.39mg/kg，均处于 2 级水平。从标准差看，中壤土的波动性较大，标准差为 0.96，重壤土的波动性最小，标准差为 0.44，中壤土的标准差为 2.81，变幅最大（见表 4-48）。

表 4-48　　不同土壤质地耕层有效铜含量分布表

土壤质地	个数(个)	所占比例(%)	标准差	变幅(mg/kg)	平均含量(mg/kg)
轻壤土	112	1.34	0.74	0.64～6.02	1.67
中壤土	856	86.64	0.96	0.20～17.00	1.77
重壤土	20	2.02	0.44	0.95～2.62	1.39

二、土壤有效锌

锌有调节植物体内氧化还原过程的作用，能促进生长素（吲哚乙酸）的合成，所以缺锌时芽和茎中的生长素明显减少，植物生长受阻，叶子变小。锌还能促进光合作用，因为扩散到叶绿体中的碳酸需要以锌作活化剂的碳酸酐酶促进其分解出二氧化碳来参与光合作用。同时，缺锌时叶绿素含量会下降，造成白叶或花叶。

周村区耕层土壤有效锌平均含量为 1.62mg/kg，标准差为 1.09。其中，1 级水平的占总耕地面积的 7.8%，2 级水平的占 66.5%，3 级水平的占 23.1%，4 级水平的占 1.5%，5 级水平的占 1.1%，变幅为 0.04～11.39mg/kg。总体来说，2 级水平比例最大，其次是 3 级水平（见表 4-49）。

表 4-49　　耕层土壤有效锌含量分级及面积统计表

级别	1	2	3	4	5	总计	标准差	变幅(mg/kg)	平均含量(mg/kg)
标准	≥3.0	1.0～3.0	0.5～1.0	0.3～0.5	<0.3				
样本个数(个)	78	665	231	15	11	1000			
耕地面积(hm^2)	814.81	6946.79	2413.10	156.69	114.91	10446.3	1.09	0.04～11.39	1.62
占总耕地比例(%)	7.8	66.5	23.1	1.5	1.1	100			

水浇地有效锌含量高于旱地，平均含量分别为 1.70mg/kg、1.31mg/kg，标准差分别为 1.15、0.77，旱地的均匀性略好，最大值和最小值属均出现在水浇地，水浇地的变幅较大。水浇地和旱地的有效锌含量均是在 2 级水平的所占比例较大，即含量多数集中在 1.0～3.0mg/kg，其次为 3 级（见表 4-50）。

表 4-50　　不同耕地利用类型耕层有效锌含量分布表

利用类型	个数(个)	所占比例(%)	标准差	变幅(mg/kg)	平均含量(mg/kg)
水浇地	783	78.3	1.15	0.04～11.39	1.70
旱地	217	21.7	0.77	0.11～5.88	1.31

不同土壤亚类之间有效锌含量有所差异,从高到低依次为褐土、潮褐土、砂姜黑土、褐土性土,平均含量分别为1.70mg/kg、1.46mg/kg、1.29mg/kg、1.11mg/kg。各亚类均是处于2级水平的比例较大,其次为3级。最大值出现在潮褐土,最小值出现在砂姜黑土。从标准差来看,砂姜黑土和褐土性土均匀性稍好(见表4-51)。

表 4-51　　不同土壤亚类耕层有效锌含量分布表

土壤亚类	个数(个)	所占比例(%)	标准差	变幅(mg/kg)	平均含量(mg/kg)
潮褐土	238	23.80	0.79	0.1～5.78	1.46
褐土	702	70.20	1.2	0.11～11.39	1.7
砂姜黑土	47	4.70	0.45	0.04～2.91	1.29
褐土性土	13	1.30	0.4	0.46～1.95	1.11

不同区域之间有效锌含量有所差异,从高到低依次为萌水、南郊、北郊、城北路、王村,平均含量分别为1.92mg/kg、1.83mg/kg、1.44mg/kg、1.40mg/kg、1.34mg/kg,标准差分别为1.22、0.97、0.79、0.51、0.87,萌水变幅较大,王村均匀性稍好。最大值出现在萌水,最小值出现在北郊(见表4-52)。

表 4-52　　不同区域耕层有效锌含量分布表

区域	个数(个)	所占比例(%)	标准差	变幅(mg/kg)	平均含量(mg/kg)
北郊	259	25.90	0.79	0.04～5.80	1.44
城北路	37	3.70	0.51	0.63～2.71	1.40
萌水	226	22.60	1.22	0.11～11.39	1.92
南郊	241	24.10	0.97	0.23～8.54	1.83
王村	238	23.80	0.87	0.28～8.06	1.34

不同土壤质地耕层有效锌含量情况:轻壤土含量最高,为1.78mg/kg,中壤土次之,为1.60mg/kg,重壤土含量最低,为1.32mg/kg。最大值出现在轻壤土,最小值出现在中壤土,从标准差来看,重壤土均匀性稍好(见表4-53)。

表 4-53　　不同土壤质地耕层有效锌含量分布表

土壤质地	个数(个)	所占比例(%)	标准差	变幅(mg/kg)	平均含量(mg/kg)
轻壤土	114	11.40	1.48	0.29～11.39	1.78
中壤土	865	86.50	1.04	0.04～10.30	1.60
重壤土	21	2.10	0.56	0.63～2.91	1.32

三、土壤有效铁

铁元素是一切绿色植物叶绿素的蛋白质成分，缺了铁，绿色素就难以合成，植物会出现黄化。

周村区耕层土壤有效铁平均含量为 22.32mg/kg，处于 1 级水平，含量丰富，标准差为 15.53，变幅为 2.30～85.10mg/kg，变化幅度很大，达到 82.8mg/kg。其中，1 级水平的占总耕地面积的 42.21%，2 级水平的占 35.22%，3 级水平的占 22.16%，4 级水平的占 0.20%，5 级水平的占 0.20%（见表 4-54）。

表 4-54　　耕层土壤有效铁含量分级及面积统计表

级别	1	2	3	4	5	总计	标准差	变幅(mg/kg)	平均含量(mg/kg)
标准	≥20	10～20	4.5～10	2.5～4.5	<2.5				
样本个数(个)	417	348	219	2	2	988	15.53	2.30～85.10	22.32
耕地面积(hm^2)	4409.38	3679.19	2314.90	21.42	21.42	10446.3			
占总耕地比例(%)	42.21	35.22	22.16	0.20	0.20	100			

水浇地、旱地耕层有效铁含量情况：旱地有效铁含量明显高于水浇地，两者分别为 27.26mg/kg、20.93mg/kg，标准差分别为 18.47、14.31，水浇地均匀性好于旱地。全区最大值出现在水浇地，最小值出现在旱地，水浇地的变幅较大。水浇地有效铁含量是在 1、2 级水平的分布较大且较均匀，1 级的占 39.43%，2 级的占 35.67%，而旱地 1 级水平的比例较大，达 52.07%，2 级水平的占 33.64%（见表 4-55）。

表 4-55　　不同耕地利用类型耕层有效铁含量分布表

	级别	1	2	3	4	5	总计	标准差	变幅(mg/kg)	平均含量(mg/kg)
	标准	≥20	10～20	4.5～10	2.5～4.5	<2.5				
水浇地	个数(个)	304	275	190	1	1	771	14.31	2.4～85.1	20.93
	所占比例(%)	39.43	35.67	24.64	0.13	0.13	100			
旱地	个数(个)	113	73	29	1	1	217	18.47	2.30～76.70	27.26
	所占比例(%)	52.07	33.64	13.36	0.46	0.46	100			

不同土壤亚类之间有效铁含量差异较大，从高到低依次为褐土、潮褐土、褐土性土、砂姜黑土，平均含量分别为 24.16mg/kg、19.56mg/kg、12.48mg/kg、10.54mg/kg，标准差

分别为16.05、14.04、4.28、4.81。从标准差来看,褐土性和砂姜黑土的均匀性明显好于潮褐土和褐土。全区最大值出现在潮褐土,最小值出现在褐土(见表4-56)。

表4-56 不同土壤亚类耕层有效铁含量分布表

土壤亚类	个数(个)	所占比例(%)	标准差	变幅(mg/kg)	平均含量(mg/kg)
潮褐土	234	23.68	14.04	4.6~85.1	19.56
褐土	700	70.85	16.05	2.3~76.7	24.16
砂姜黑土	45	4.55	4.81	4.4~27.0	10.54
褐土性土	13	1.32	4.28	8.7~22.6	12.48

不同区域耕层有效铁含量情况:不同区域之间有效铁的含量差异较大,萌水、南郊、王村含量较高,平均含量分别为25.33mg/kg、26.08mg/kg、26.07mg/kg,而北郊和城北路含量明显降低,平均含量分别为13.71mg/kg、13.02mg/kg。从标准差来看,北郊和城北路的均匀性好于其他。北郊和城北路基本全部为水浇地,而其他既有水浇也有旱地,这与旱地有效铁含量高于水浇地的特点相一致。全区最大值和最小值均出现在王村(见表4-57)。

表4-57 不同区域耕层有效铁含量分布表

区域	个数(个)	所占比例(%)	标准差	变幅(mg/kg)	平均含量(mg/kg)
北郊	246	24.90	9.14	2.40~55.90	13.71
城北路	37	3.74	4.73	5.70~25.60	13.02
萌水	226	22.87	15.65	3.5~69.7	25.33
南郊	241	24.39	14.75	5.60~74.50	26.08
王村	237	23.99	18.32	2.30~85.10	26.07

不同土壤质地耕层有效铁含量差异较大,平均含量从高到低依次为轻壤土、中壤土、重壤土,分别为25.99mg/kg、22.12mg/kg、10.61mg/kg。轻壤土和中壤土处于1级的比例较大,分别达50.00%、42.06%,而重壤土处于3级的比例较大,达55.00%。从标准差来看,重壤土的均匀性好,变幅较小,其他两亚类土壤变幅较大。全区有效铁含量最大值和最小值均出现在中壤土(见表4-58)。

表 4-58 不同土壤质地耕层有效铁含量分布表

质地	级别	1	2	3	4	5	总计	标准差	变幅 (mg/kg)	平均含量 (mg/kg)
	标准	≥20	10～20	4.5～10	2.5～4.5	<2.5				
轻壤土	个数(个)	56	28	26	1	1	112	17.57	2.4～69.7	25.99
	所占比例(%)	50.00	25.00	23.21	0.89	0.89	100			
中壤土	个数(个)	360	313	182	0	1	856	15.25	2.30～85.10	22.12
	所占比例(%)	42.06	36.56	21.26	0	0.12	100			
重壤土	个数(个)	1	7	11	1	0	20	5.96	4.40～27.00	10.61
	所占比例(%)	5.00	35.00	55.00	5.00	0	100			

四、土壤有效锰

锰参与植物的光合作用，是植物体内氮素和碳水化合物运转的重要元素，能增强植物的抗寒、抗旱能力。

周村区耕层土壤有效锰平均含量为 47.17mg/kg，处于 1 级水平，含量丰富，标准差为 34.43，变幅为 0.20～279.40mg/kg，变化幅度很大，达到 279.20mg/kg。其中，处于 1 级水平的占总耕地面积的 60.65%，2 级水平的占 21.91%，3 级水平的占 15.01%，4 级水平的占 1.92%(见表 4-59)。

表 4-59 耕层土壤有效锰含量分级及面积统计表

级别	1	2	3	4	总计	标准差	变幅 (mg/kg)	平均含量 (mg/kg)
标准	≥30	15～30	5～15	1～5				
样本个数(个)	599	217	148	24	988	34.43	0.20～279.40	47.17
耕地面积(hm^2)	6335.68	2288.78	1567.99	253.85	10446.3			
占总耕地比例(%)	60.65	21.91	15.01	2.43	100			

旱地的有效锰含量高于水浇地，平均含量分别为 56.45mg/kg、44.55mg/kg，标准差分别为 38.66、32.69，水浇地的均匀性稍好，全区最大值和最小值均出现在水浇地，水浇地和旱地的变幅都很大，分别达 279.20mg/kg、163.8mg/kg(见表 4-60)。

表 4-60 不同耕地利用类型耕层有效锰含量分布表

利用类型	个数(个)	所占比例(%)	标准差	变幅(mg/kg)	平均含量(mg/kg)
水浇地	766	77.53	32.69	0.2～279.4	44.55
旱地	215	22.47	38.66	0.6～164.4	56.45

不同土壤亚类耕层有效锰含量差异较大,从高到低依次为褐土、潮褐土、砂姜黑土、褐土性土,平均含量分别为 50.27mg/kg、43.56mg/kg、26.31mg/kg、12.72mg/kg。从标准差来看,褐土性土和砂姜黑土均匀性较好,变幅较小,褐土和潮褐土均匀性较差,变幅较大。从分布规律来看,褐土和潮褐土处于 1 级水平的比例较大,分别为 66.71%、49.36%,砂姜黑土处于 2 级水平的比例较大,达 40.00%,褐土性土处于 3 级水平的比例较大,达 76.92%(见表 4-61)。

表 4-61 不同土壤亚类耕层有效锰含量分布表

	级别	1	2	3	4	5	总计	标准差	变幅(mg/kg)	平均含量(mg/kg)
	标准	>30	15～30	5～15	1～5	≤1				
潮褐土	个数(个)	115	62	47	9	0	233	39.53	1.6～279.4	43.56
	所占比例(%)	49.36	26.6	20.17	3.86	0	100			
褐土	个数(个)	467	131	88	9	5	700	32.93	0.2～173.4	50.27
	所占比例(%)	66.71	18.71	12.57	1.29	0.71	100			
砂姜黑土	个数(个)	15	18	11	1	0	45	13.58	1.2～54.4	26.31
	所占比例(%)	33.33	40.00	24.44	2.22	0	100			
褐土性土	个数(个)	0	3	10	0	0	13	4.62	7～23.6	12.72
	所占比例(%)	0	23.08	76.92	0	0	100			

不同区域耕层有效锰含量情况:不同区域之间含量有所差异,从高到低依次为萌水、北郊、王村、南郊、城北路,平均含量分别为 57.25mg/kg、56.08mg/kg、56.08mg/kg、47.43mg/kg、32.12mg/kg。从分布规律来看,均是处于 1 级水平的比例较大。从标准差来看,城北路的均匀性较好,变幅较小,其他的变幅都较大。最大值出现在北郊和王村,最小值出现在萌水(见表 4-62)。

表 4-62 不同区域耕层有效锰含量分布表

区域	个数(个)	所占比例(%)	标准差	变幅(mg/kg)	平均含量(mg/kg)
北郊	238	24.09	41.54	2.8～279.4	56.08
城北路	37	3.74	14.22	13.8～60.4	32.12

续表

区域	个数(个)	所占比例(%)	标准差	变幅(mg/kg)	平均含量(mg/kg)
萌水	227	22.98	33.94	0.2～164.4	57.25
南郊	240	24.29	29.44	0.6～151.2	47.43
王村	235	23.79	41.54	2.8～279.4	56.08

不同土壤质地耕层有效锰含量情况:平均含量从高到低依次为轻壤土、中壤土、重壤土,分别为49.35mg/kg、47.44mg/kg、23.52mg/kg,轻壤土、中壤土有效锰含量均是在1级水平所占的比例较大,分别为58.03%、61.71%,重壤土在1～3级的分布比较均匀,所占比例分别为30.0%、30.0%、40.0%。全区有效锰含量最大值和最小值均出现在中壤土(见表4-63)。

表4-63　　不同土壤质地耕层有效锰含量分布表

	级别	1	2	3	4	5	总计	标准差	变幅(mg/kg)	平均含量(mg/kg)
	标准	≥30	15～30	5～15	1～5	<1				
轻壤土	个数(个)	65	29	17	1	0	112	34.32	2.0～126.8	49.35
	所占比例(%)	58.03	25.89	15.18	0.89	0	100			
中壤土	个数(个)	527	181	123	18	5	854	34.62	0.2～279.4	47.44
	所占比例(%)	61.71	21.19	14.40	2.11	0.59	100			
重壤土	个数(个)	6	6	8	0	0	20	12.67	10.6～49.2	23.52
	所占比例(%)	30.0	30.0	40.0	0	0	100			

五、土壤水溶态硼

硼是植物性器官分化形成的必要物质,缺了硼,植物开花结果繁衍后代就会受到影响,农作物就会"花而不实",落花、落蕾,空秆秕籽,产量受到损失。硼也是根瘤菌形成的条件,缺硼的豆科作物根瘤菌少,固氮受到影响。

周村区耕层土壤水溶态硼含量丰富,平均含量为3.33mg/kg,标准差为1.81,变幅为0.15～11.31mg/kg。其中,处于1级水平的占总耕地面积的75.42%,2级水平的占21.83%,3级水平的占2.06%,4级水平的占0.58%,5级水平的只有1个样品(见表4-64)。

表 4-64 耕层土壤水溶态硼含量分级及面积统计表

级别	1	2	3	4	5	总计	标准差	变幅(mg/kg)	平均含量(mg/kg)
标准	≥2.0	1.0～2.0	0.5～1.0	0.2～0.5	<0.2				
样本个数(个)	767	222	21	6	1	1017			
耕地面积(hm^2)	7878.60	2280.43	215.19	60.59	11.49	10446.3	1.81	0.15～11.31	3.33
占总耕地比例(%)	75.42	21.83	2.06	0.58	0.11	100			

水浇地、旱地耕层水溶态硼含量差异不大，水浇地略高于旱地，两者分别为3.40mg/kg、3.07mg/kg，变幅分别为0.2～11.31mg/kg、0.15～11.2mg/kg。

不同土壤亚类之间，耕层土壤的水溶态硼含量差异不大，从高到低依次为褐土性土、潮褐土、砂姜黑土、褐土，平均含量分别为3.81mg/kg、3.64mg/kg、3.32mg/kg、3.22mg/kg，最大值出现在褐土，最小值出现在潮褐土(见表4-65)。

表 4-65 不同土壤亚类耕层水溶态硼含量分布表

土壤亚类	个数(个)	所占比例(%)	标准差	变幅(mg/kg)	平均含量(mg/kg)
潮褐土	241	23.70	1.8	0.2～8.93	3.64
褐土	715	70.30	1.85	0.15～11.31	3.22
砂姜黑土	49	4.82	1.02	1.5～7.33	3.32
褐土性土	12	1.18	1.13	2.35～5.73	3.81

不同区域耕层水溶态硼含量情况：不同区域之间有所差异，南郊耕层土壤的水溶态硼含量最高，为5.03mg/kg，萌水最低，为2.17mg/kg，其他依次为北郊、城北路、王村，平均含量分别为3.50mg/kg、3.28mg/kg、2.54mg/kg。从标准差来看，城北路的均匀性稍好。从分布规律来看，南郊、北郊、城北路、王村均是处于1级水平的比例最大，而萌水是1、2级水平的分布较大，全区最大值和最小值均出现在南郊(见表4-66)。

表 4-66 不同区域耕层水溶态硼含量分布表

区域	个数(个)	所占比例(%)	标准差	变幅(mg/kg)	平均含量(mg/kg)
北郊	269	26.45	1.37	0.39～8.93	3.50
城北路	37	3.64	0.85	1.64～5.02	3.28
萌水	227	22.32	1.18	0.34～8.55	2.17
南郊	243	23.89	2.03	0.2～11.3	5.03
王村	242	23.79	1.14	0.15～7.58	2.54

不同土壤质地耕层水溶态硼含量情况：平均含量从高到低依次为重壤土、中壤土、轻壤土，分别为3.61mg/kg、3.38mg/kg、2.91mg/kg，水溶态硼含量均是处于1级水平的所占比例较大，分别达到了95.24%、74.74%、76.92%。全区水溶态硼含量最大值和最小值均出现在中壤土。从标准差来看，中壤土标准差最大、变幅最大(见表4-67)。

表4-67 不同土壤质地耕层水溶态硼含量分布表

土壤质地	个数(个)	所占比例(%)	标准差	变幅(mg/kg)	平均含量(mg/kg)
轻壤土	117	11.50	1.15	0.78～5.26	2.91
中壤土	879	86.43	1.88	0.15～11.31	3.38
重壤土	22	2.07	1.18	1.97～7.33	3.61

六、土壤有效钼

钼是合成固氮酶的重要元素，能增强叶绿素的光合作用，促进体内吸收的氮和磷转化，增加分蘖，提高成穗。钼还能减少由于大量施用化肥而在土壤中留下的大量硝酸盐类和亚硝胺等致癌物质，保护人类健康。

周村区耕层土壤有效钼平均含量为0.29mg/kg，较丰富，属于2级水平，标准差为0.33，变幅为0.04～5.01mg/kg。其中，处于1级水平的占总耕地面积的32.65%，2级水平的占25.16%，3级水平的占21.04%，4级水平的占16.48%，5级水平的占4.66%(见表4-68)。

表4-68 耕层土壤有效钼含量分级及面积统计表

级别	1	2	3	4	5	总计	标准差	变幅(mg/kg)	平均含量(mg/kg)
标准	≥0.3	0.2～0.3	0.15～0.2	0.1～0.15	<0.1				
样本个数(个)	301	232	194	152	43	922			
耕地面积(hm^2)	3410.72	2628.29	2197.9	1721.55	4878.84	10446.3	0.33	0.04～5.01	0.29
占总耕地比例(%)	32.65	25.16	21.04	16.48	4.66	100			

水浇地有效钼含量高于旱地，两者平均含量分别为0.32mg/kg、0.21mg/kg，标准差分别为0.36、0.11。全区最大值出现在水浇地，最小值在水浇地和旱地中均有，水浇地的变幅较大，为0.04～5.01mg/kg。从分布规律来看，水浇地的有效钼含量在1级水平的比例较大，为36.9%，2～4级水平基本为均匀分布，旱地的有效钼含量在2、3级水平所占的比例较大，分别为27.46%、29.02%，其次为1、4级，分别为16.58%、18.65%(见表4-69)。

表 4-69　　不同耕地利用类型耕层有效钼含量分布表

	级别	1	2	3	4	5	总计	标准差	变幅(mg/kg)	平均含量(mg/kg)
	标准	≥0.3	0.2～0.3	0.15～0.2	0.1～0.15	<0.1				
水浇地	个数(个)	269	179	138	116	27	729	0.36	0.04～5.01	0.32
	所占比例(%)	58.03	25.89	15.18	0.89	0	100			
旱地	个数(个)	32	53	56	36	16	193	0.11	0.04～0.69	0.21
	所占比例(%)	16.58	27.46	29.02	18.65	8.29	100			

不同土壤亚类耕层有效钼含量情况：潮褐土和砂姜黑土含量稍高，平均含量均为0.39mg/kg，其次为褐土和褐土性土，平均含量分别为0.25mg/kg、0.22mg/kg。从分布情况来看，潮褐土和砂姜黑土处于1级的比例较大，褐土1～4级水平基本为均匀分布，褐土性土处于3级水平的比例较大。全区最大值出现在褐土，最小值出现在潮褐土和褐土(见表4-70)。

表 4-70　　不同土壤亚类耕层有效钼含量分布表

	级别	1	2	3	4	5	总计	标准差	变幅(mg/kg)	平均含量(mg/kg)
	标准	>0.3	0.2～0.3	0.15～0.2	0.1～0.15	<0.1				
潮褐土	个数(个)	116	51	29	16	11	223	0.36	0.04～3.86	0.39
	所占比例(%)	52.02	22.87	13	7.17	4.93	100			
褐土	个数(个)	139	148	148	142	62	497	0.31	0.04～5.01	0.25
	所占比例(%)	28.25	29.78	29.78	28.57	12.47	100			
砂姜黑土	个数(个)	25	10	10	3	0	48	0.37	0.14～2.29	0.39
	所占比例(%)	52.08	20.83	20.83	6.25	0	100			
褐土性土	个数(个)	2	1	6	2	1	12	0.14	0.1～0.64	0.22
	所占比例(%)	16.67	8.33	50.00	16.67	8.33	100			

不同区域耕层有效钼含量情况：北郊含量最高，平均含量为0.48mg/kg，城北路、萌水、南郊、王村有效钼含量差异不大，平均含量分别为0.26mg/kg、0.21mg/kg、0.23mg/kg、0.22mg/kg。最大值出现在萌水，最小值在萌水和南郊均有分布(见表4-71)。

表 4-71　　不同区域耕层有效钼含量分布表

区域	个数(个)	所占比例(%)	标准差	变幅(mg/kg)	平均含量(mg/kg)
北郊	252	27.33	0.38	0.07～3.86	0.48
城北路	29	3.15	0.06	0.15～0.4	0.26
萌水	206	22.34	0.42	0.04～5.01	0.21
南郊	224	24.30	0.24	0.4～3.86	0.23
王村	211	22.88	0.1	0.06～0.73	0.22

不同土壤质地耕层有效钼含量情况：重壤土的平均含量最高，为 0.42mg/kg，属于 1 级水平，中壤土和轻壤土平均含量差异不大，分别为 0.29mg/kg、0.28mg/kg，均属于 2 级水平，重壤土处于 1 级水平的所占比例较大，达 52.38%，中壤土和轻壤土在 1～3 级水平的约占 80%。全区最大值和最小值均出现在中壤土(见表 4-72)。

表 4-72　　不同土壤质地耕层有效钼含量分布表

	级别	1	2	3	4	5	总计	标准差	变幅(mg/kg)	平均含量(mg/kg)
	标准	≥0.3	0.2～0.3	0.15～0.2	0.1～0.15	<0.1				
轻壤土	个数(个)	26	29	25	20	2	102	0.24	0.07～1.82	0.28
	所占比例(%)	25.49	28.43	24.51	19.61	1.96	100			
中壤土	个数(个)	264	197	165	132	41	799	0.33	0.04～5.01	0.29
	所占比例(%)	33.04	24.66	20.65	16.52	5.13	100			
重壤土	个数(个)	11	6	4	0	0	21	0.46	0.15～2.29	0.42
	所占比例(%)	52.38	28.57	19.05	0	0	21			

第五节　土壤主要物理性状

土壤物理性状是重要的肥力因素，能调节、制约土壤中水、肥、气、热状况，是农业综合性能的综合反应。养分含量高，物理性状良好，才是肥沃的土壤。物理性状包括土壤质地、土体构型、土壤结构、土壤容重、土壤孔隙、田间持水量等。

一、土壤质地

土壤是由大小不等的矿物质颗粒组成的，配比、大小不同的颗粒会形成不同的土壤质地，所以，土壤质地是反映土壤物理持性的一个重要指标，对土壤水、肥、气、热和农业生产性能影响很大。周村区土壤质地主要是壤土类，分为轻壤土、中壤土、重壤土，以中壤土和轻壤土为主。

轻壤土：物理性黏粒(直径小于 0.01mm)的含量为 20%～30%，物理性砂粒(直径大于 0.01mm)的含量为 70%～80%。轻壤土土质疏松，孔隙度大，通透性较好，养分转换快，耕性良好，适耕期长，但保水、保肥能力稍差，适宜种植各种作物，为较好的一种土壤质地。周村区轻壤土主要分布于孝妇河、范阳河沿岸、王家庄周围等平原地区及大史村、朱首湾以南、郭家庄、皇住、山障埠等村庄周围和萌山水库两侧的低山岭坡地区。总面积为 2096.38hm^2，占总耕地面积的 20.1%。其中，一级地中有 247.21hm^2，二级地中有 139.49hm^2，三级地中有 91.83hm^2，四级地中有 290.75hm^2，五级地中有 666.8hm^2，六级地中有 660.3hm^2。

中壤土：物理性黏粒的含量为 30%～45%，物理性砂粒的含量为 55%～7%。中壤土是各种土壤质地中最好的一种农业土壤质地，孔隙度适中，水、肥、气、热较协调，耕性良好，抗旱、抗涝，保肥、保水性能好，耕种易管理，适宜种植各种作物，为本区的主要土壤质地，且分布较广。总面积为 8173.48hm^2，占总耕地面积的 78.3%。其中，一级地中有 2041.32hm^2，二级地中有 1656.8hm^2，三级地中有 1965.46hm^2，四级地中有 980.36hm^2，五级地中有 1427.24hm^2，六级地中有 102.31hm^2。

重壤土：物理性黏粒的含量为 45%～60%，物理性砂粒的含量为 40%～55%，主要分布于周北低洼地区的砂姜黑土和少量褐土中，即邓家北、固玄店东和西塘坞以西的少数地区，面积较小。该类质地表土质地黏重，物理性状不良，易板结，湿时黏，干时硬，易起坷垃，适耕期短，保肥力强，养分含量高，但有效性偏低，发老苗、不发小苗，耕种管理较困难，易旱也易涝。总面积为 176.43hm^2，占总耕地面积的 1.7%。其中，一级地中有 7.59hm^2，二级地中有 167.92hm^2，三级地中有 0.92hm^2。

二、土体构型

土体构型是指整个土体各个土层的排列组合关系，对土壤肥力各因素之间有制约和协调的作用。良好的土层排列状况是发展农业生产的先决条件，可以大大提高其抗逆性能，特别是在比较差的自然条件下，更能显出其作用而获得较好的收成。因此，土体构型是土壤肥力的物质基础。

耕作土壤的土体构型从上到下可分为三层，即表土层、心土层、底土层。表土层又分为耕作层和犁底层，其厚度常因耕作习惯而不同，薄的仅有 0.15m，厚的可达 0.3m。周村区一般为 0.2m 左右。山丘旱地的犁底层不甚明显，而多年耕种、坡度较平缓的土壤的犁底层明显可见。心土层位于表土层以下，一般厚度为 0.4m 左右(0.2～0.6m)，底土层在心土层之下(0.6m 以下)。周村区土壤多为上轻下重的土体构型，其耕作层多数为轻壤或中壤，少数为重壤。心土层多为中壤和重壤，少数为轻壤。底土层多为中壤和重壤或轻壤。总体来看，周村区土壤的土体构型大部分是良好的，上层质地适中，矿化作用快，有利于作物的生长，而心土层和底土层土质较厚，较紧实，有利于保肥、保水。此外，还部分存在影响生产的障碍层次(浅黏心 1400.86hm^2、厚腰砾质 59.42hm^2)。这些都属于土体构型不良的土壤，对农业生长有很大的障碍作用。

从土体厚度来看，周村区土体构型主要有厚层土型、中层土型和极薄层土型。

厚层土型:土体厚度一般为0.6～1.0m,在周村区包括均质型和夹层型。

均质型:即全剖面质地上下各层均一。面积为1026.83hm²,占总耕地面积的9.8%,其中,轻壤均质面积为609.16hm²,中壤均质面积为417.67hm²。该土体深厚,质地适中,保水、保肥较好,适耕性广,是良好的农业土壤之一。主要分布于孝妇河、范阳河两侧及萌水、王村等。

夹层型:土层上下各层质地不一,相间排列,形成了性质不同的土体构型。在周村区主要分为厚黏心和厚黏腰。面积为7843.39hm²,占总耕地面积的75.08%。

厚黏心:在剖面0.2～0.6m土体内出现厚度大于0.3m的黏土层。这种土壤保水、保肥,但不同程度地影响根系下扎,阻碍水、肥、气等的运行。面积为1281.66hm²,占总耕地面积的12.70%。其中,黏化层为中壤土的面积为882.24hm²,黏化层为重壤土的面积为399.42hm²。特别是砂姜黑土黏化层是黏土的,为不良层次,严重影响作物根系下扎和生长,是生产中的重大障碍因素。主要分布于北郊、萌水、王村等。

厚黏腰:在剖面0.6～1.0m土体内出现厚度大于0.3m的黏化层,面积为6561.73hm²,占总耕地面积的62.81%。其中黏化层为中壤土的面积为6440.59hm²(包括中壤土厚黏腰砾石层洪积物冲积物褐土105.82hm²),黏化层为重壤土的面积为31.38hm²,黏化层为轻壤土的面积为89.76hm²。这种土上松下实,耕性和透气性较好,肥力较高,保水、保肥,俗称"蒙金地",是理想的土体构型,在各地均有分布。

中层土型:此种土一般土层厚度为0.3～0.6m,为褐土性土和轻壤质冲洪积物褐土,土地较贫瘠,多为旱地,有水土流失现象,产量很低,适种瓜果杂粮之类。主要分布于萌水和王村。面积为1516.66hm²,占总耕地面积的14.52%。

极薄层土型:土层厚度小于0.15m,是周村区土壤质量最差的一种土壤,多分布于低山岭坡之上,水土流失严重,养分状况低劣,多生长杂草,面积为59.42hm²,占总耕地面积的0.57%,主要分布在王村。

三、土壤结构

土壤结构是土壤颗粒排列或互相黏结而形成的大小、形状不同的团聚体,影响土壤中水、肥、气、热以及作物根系在土体中的穿透状况。土壤结构的好坏,对土壤肥力因素、供肥性能、微生物活动和耕作性能都有很大影响。

土壤结构的形成,主要依赖于有机胶体、无机胶体和有机复合胶体在土壤颗粒之间的凝聚作用。一般认为,1～3mm的团粒超过20%为好。周村区表土层1～3mm的结构一般占4.4%～16.8%,土壤结构不甚良好。从外形结构看,耕层多属小块状结构或碎粒状结构,团粒结构不甚明显;犁底层紧实,对通气、透水和根系下扎略有影响。心土层多为块状、棱状结构。底土层多为块状,或无明显结构。尤其是砂姜黑土和部分潮褐土的心土层,边、面、棱明显,结构面有明显胶膜,结构紧密,不易破碎,结构面之间不够吻合而形成裂隙,这是漏水、漏肥的主要原因。褐土性土由于有机质含量少,土层浅薄,加之土层内多含粗砂、砾石,其结构更差。

四、土壤容重

土壤容重是在自然状态下单位体积的干土重量,是表示土壤松紧度的一个重要指标。

土壤容重的高低取决于耕作措施、土壤结构、土壤质地、有机质含量等。容重影响保蓄水分和通透性能，过大、过小都不好。一般认为，耕层土壤容重以 1.10～1.30g/cm^3 为适宜。

周村区对全区 105 个有代表性的点位进行了容重的测定，每个点位测 3 次重复。全区土壤容重平均含量为 1.29g/cm^3。其中，潮褐土容重平均含量为 1.31g/cm^3，最大值为 1.54g/cm^3，最小值为 1.15g/cm^3，标准差为 0.13；褐土容重平均含量为 1.29g/cm^3，最大值为 1.47g/cm^3，最小值为 1.13g/cm^3，标准差为 0.09；褐土性土只测了 1 个值，为 1.34g/cm^3；砂姜黑土容重平均含量为 1.29g/cm^3，最大值为 1.53g/cm^3，最小值为 1.13g/cm^3，标准差为 0.15。总体来讲，周村区土壤容重属于较适宜范围。

1980 年土壤普查时，周村区耕层土壤容重平均含量为 1.28g/cm^3，其中褐土为 1.29g/cm^3，潮褐土为 1.23g/cm^3，砂姜黑土为 1.21g/cm^3（耕后未浇水），均较适宜。但心土层土壤容重平均含量为 1.40g/cm^3，属较差。

五、土壤孔隙度

土壤孔隙度是指土壤孔隙占土壤总体积的百分数。土壤孔隙的多少关系到土壤的坚实度、透水性、通气性、导热性，影响作物的出苗、根系的生长，影响土壤有机质的矿质化和腐殖化的方向及速率，影响供应作物所需养分的多少和难易，还间接影响微生物的分布和活动。因此，土壤的孔隙度是土壤的重要物理性状之一。

土壤孔隙可分为 3 种类型，即无效孔隙、毛管孔隙和非毛管孔隙。

无效孔隙：是土壤中最小的孔隙，直径为 10^{-6}～10^{-4}mm，根系难以插入。这种孔隙中的水分受到的土粒吸力大，不再发生毛管作用，保水力很强，水分基本上不能运动，也不能通气，对作物来说是无效的。

毛管孔隙：孔隙的直径为 0.001～0.1mm，具有毛管作用，水分主要保持在其中，并靠毛管力进行运动，是对作物最有效的水分。

非毛管孔隙：直径大于 0.1mm 的大孔隙，不具有毛管作用，不保持水分，为通气、透水的走廊，但经常为空气所占据，故又称为“空气孔隙”。

土壤总孔隙度一般为 30%～60%。对农业生产来说，耕层总孔隙度为 50%～55%，毛管孔隙度为 40%，空气孔隙度为 15%。土壤中，固相、液相、气相的比例以 1∶1∶0.4 为宜。

据测定，周村区平均总孔隙度为 51.9%，通气孔隙度为 16.5%，但面积最大的褐土亚类的总孔隙度偏低，土壤较板结，结构欠佳；砂姜黑土毛管孔隙偏少，通气孔隙偏多，水气矛盾较大（见表 4-73）。

表 4-73　　各亚类土壤孔隙度统计表

亚类	总孔隙度(%)		毛管孔隙度(%)		空气孔隙度(%)		固、液、气三相比	
	0～0.5m	0.2～0.6m	0～0.2m	0.2～0.6m	0～0.2m	0.2～0.6m	0～0.2m	0.2～0.6m
褐土	49.8	47.3	35.3	37.3	14.5	10.0	1∶0.64∶0.29	1∶0.71∶0.19
潮褐土	53.7	46.5	35.8	37.9	17.9	8.6	1∶0.77∶0.39	1∶0.71∶0.33
砂姜黑土	54.6	49.5	34.5	35.4	20.1	14.1	1∶0.76∶0.44	1∶0.67∶0.27
平均	51.9	47.3	35.4	37.2	16.5	10.1	1∶0.74∶0.34	1∶0.71∶0.19

六、田间持水量

周村区耕层土壤田间持水量平均为 26.0%，属适中，但心土层持水量稍低。耕层最大有效水为 15.8%，心土层为 12.9%，均属中等。0.6m 厚土体最大有效储水量为 68.4mm，储水能力较好(见表 4-74)。

表 4-74　　土壤蓄水情况统计表

土壤亚类	田间持水量(%)		最大有效水(%)		有效储水量(mm)	
	0～0.2m	0.2～0.6m	0～0.2m	0.2～0.2m	0～0.2m	0.2～0.6m
褐土	25.7	23.6	16.7	13.4	44.5	37.0
潮褐土	27.0	20.6	16.0	10.5	38.3	29.0
砂姜黑土	25.3	20.5	14.8	7.6	35.7	20.6
平均	26.0	21.6	15.8	10.5	39.5	28.9

第五章　耕地地力评价

耕地是土地的精华，是农业生产中不可替代的重要生产资料，是保持社会和国民经济可持续发展的重要资源。保护耕地是我们的基本国策之一，因此，及时掌握耕地资源的数量、质量及其变化，对于合理规划和利用耕地、切实保护耕地有十分重要的意义。在全面的野外调查和室内化验分析，获取大量耕地地力相关信息的基础上，进行了周村区耕地地力的综合评价，评价结果为摸清全区耕地地力的现状及问题、耕地资源的高效和可持续利用提供了重要的科学依据。

第一节　评价的原则、依据及流程

一、评价的原则、依据

（一）评价的原则

耕地地力就是耕地的生产能力，是在一定区域内、一定的土壤类型上，耕地的土壤理化性状、所处自然环境条件、农田基础设施及耕作施肥管理水平等因素的总和。根据评价的目的要求，在周村区耕地地力评价中，遵循的基本原则有 4 条。

1. 综合因素研究与主导因素分析相结合原则

土地是一个自然经济综合体，是人们利用的对象，对土地质量的鉴定涉及自然和社会经济多个方面，耕地地力也是各类要素的综合体现。所谓综合因素研究，是指对地形地貌、土壤理化性状、相关社会经济因素之总体进行全面的研究、分析与评价，以全面了解耕地地力状况。主导因素是指对耕地地力起决定作用的、相对稳定的因子，在评价中要着重对其进行研究分析。因此，把综合因素与主导因素结合起来进行评价，可以对耕地地力作出科学准确的评定。

2. 共性评价与专题研究相结合原则

周村区耕地利用存在菜地、农田等多种类型，土壤理化性状、环境条件、管理水平等不一，因此，耕地地力水平有较大的差异。考虑县域内耕地地力的系统性、可比性，针对不同的耕地利用等状况，选用统一的共同的评价指标和标准，即耕地地力的评价不针对某一特定的利用类型。另外，为了了解不同利用类型的耕地地力状况及其内部的差异情况，则对有代表性的主要类型如蔬菜地等进行专题的深入研究。这样，共性的评价与专题的研究相结合，使得整个的评价和研究具有更大的应用价值。

3. 定量和定性相结合原则

土地系统是一个复杂的灰色系统，定量和定性要素共存，相互作用，相互影响。因此，为了保证评价结果的客观合理，宜采用定量和定性评价相结合的方法。在总体上，为了保证评价结果的客观合理，尽量采用定量评价方法，对可定量化的评价因子如有机质等养分含量、土层厚度等按其数值参与计算，对非定量化的定性因子如土壤表层质地、土体构型等则进行量化处理，确定其相应的指数，并建立评价数据库，以计算机进行运算和处理，尽量避免人为随意性因素的影响。在评价因素筛选、权重确定、评价标准、等级确定等评价过程中，尽量采用定量化的数学模型，在此基础上充分运用人工智能和专家知识，对评价的中间过程和评价结果进行必要的定性调整，定量与定性相结合，从而保证了评价结果的准确合理。

4. 采用卫星遥感和 GIS 支持的自动化评价方法原则

自动化、定量化的土地评价技术方法是当前土地评价的重要方向之一。近年来，随着计算机技术，特别是 GIS 技术在土地评价中的不断应用和发展，基于 GIS 技术进行自动定量化评价的方法已不断成熟，使土地评价的精度和效率大大提高。本次的耕地地力评价工作将采用最新 SPOT5 卫星遥感数据提取和更新耕地资源现状信息，通过数据库建立、评价模型及其与 GIS 空间叠加等分析模型的结合，实现了全数字化、自动化的评价流程，在一定的程度上代表了当前土地评价的最新技术方法。

（二）评价的依据

耕地地力是耕地本身的生产能力，因此，耕地地力的评价依据与此相关的各类自然和社会经济要素，具体包括三方面。

1. 耕地地力的自然环境要素

耕地地力的自然环境要素包括耕地所处的地形地貌条件、水文地质条件、成土母质条件以及土地利用状况等。

2. 耕地地力的土壤理化要素

耕地地力的土壤理化要素包括土壤剖面、土体构型、耕层厚度、质地、容重等物理性状，以及有机质、N、P、K、微量元素、pH、交换量等化学性状。

3. 耕地地力的农田基础设施条件

耕地地力的农田基础设施条件包括耕地的灌排条件、水土保持工程建设、培肥管理条件等。

二、评价的流程

整个评价可分为 3 个方面的主要内容，按先后的次序分别为：

资料工具准备及数据库建立：即根据评价的目的、任务、范围、方法，收集准备与评价有关的各类自然及社会经济资料，进行资料的分析处理。选择适宜的计算机硬件和 GIS 等分析软件，建立耕地地力评价基础数据库。

耕地地力评价：划分评价单元，提取影响地力的关键因素并确定权重，选择相应评价方法，制定评价标准，确定耕地地力等级。

评价结果分析：依据评价结果，量算各等级耕地面积，编制耕地地力分布图，分析耕地地力问题，提出耕地资源可持续利用的措施建议。

评价的工作流程如图 5-1 所示。

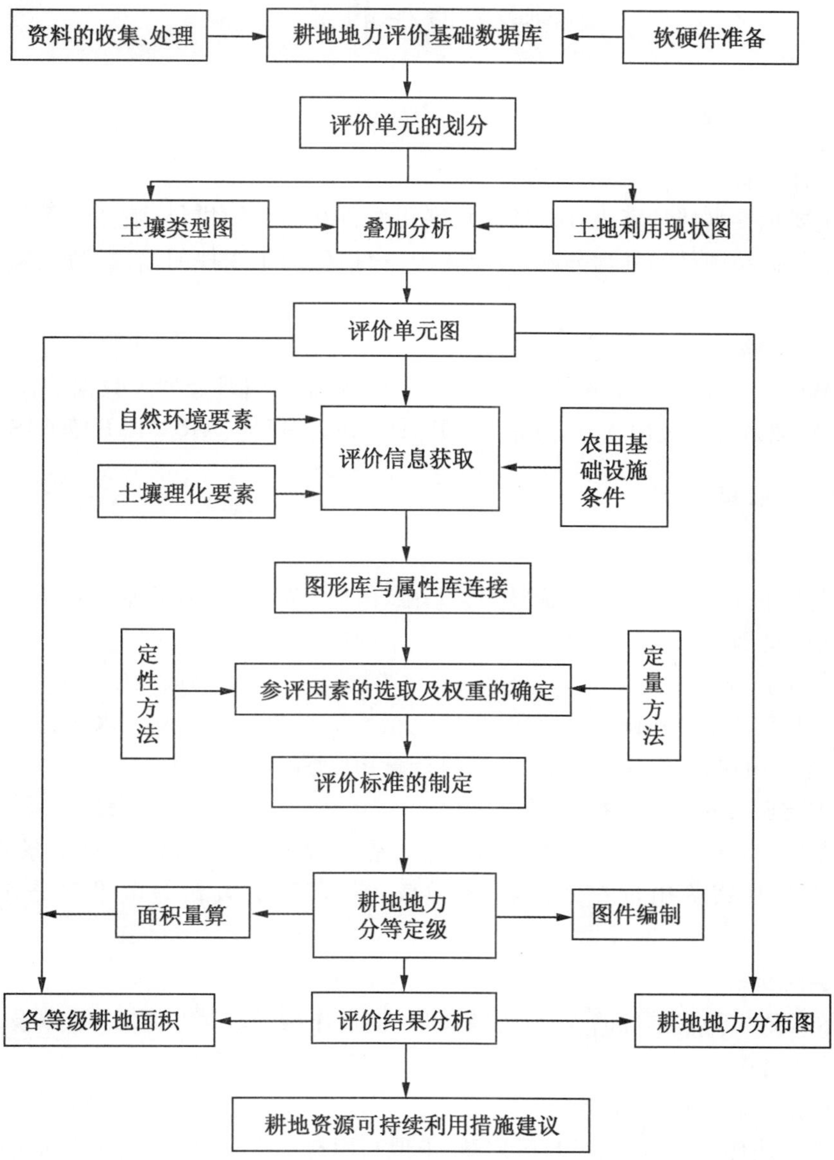

图 5-1　周村区耕地地力评价流程图

第二节　软硬件的准备、资料的收集处理及基础数据库的建立

一、软硬件的准备

(一)硬件准备

硬件主要包括高档计算机、A0 幅面数字化仪、A0 幅面扫描仪、喷墨绘图仪等。计算机主要用于数据和图件的处理分析,数字化仪、扫描仪用于图件的输入,喷墨绘图仪用于成果图的输出。

(二)软件准备

一是 Windows 操作系统软件,二是 FOXPRO 数据库管理、SPSS 数据统计分析/ACCESS 数据管理系统等应用软件,三是 MAPGIS、ARCVIEW、ARCMAP 等 GIS 软件。

二、资料的收集、处理

(一)资料的收集

耕地地力评价以耕地的各性状要素为基础,因此,必须广泛地收集与评价有关的各类自然和社会经济因素资料,为评价工作做好数据的准备。

1. 野外调查资料

野外调查资料按野外调查点获取,主要包括地形地貌、土壤母质、水文、土层厚度、表层质地、耕地利用现状、灌排条件、作物长势产量、管理措施水平等。

2. 室内化验分析资料

室内化验分析资料包括有机质、全氮、速效氮、全磷、有效磷、速效钾等大量养分含量,交换性钙、交换性镁等中量养分含量,有效锌、有效硼、有效钼等微量养分含量,以及 pH 等。

3. 社会经济统计资料

以行政区划为基本单位的人口、土地面积、粮食作物及蔬菜瓜果面积,以及各类投入产出等社会经济指标数据。

4. 基础及专题图件资料

1∶50000 比例尺地形图、行政区划图、土地利用现状图、地貌图、土壤图等。

(二)资料的处理

获取的评价资料可以分为定量和定性资料两大部分。为了采用定量化的评价方法和自动化的评价手段,减少人为因素的影响,需要对其中的定性因素进行定量化处理,根据因素的级别状况赋予其相应的分值或数值。除此,对于各类养分等按调查点获取的数据,则需要进行插值处理,生成各类养分图。

1. 定性因素的量化处理

土壤表层质地:考虑不同质地类型的土壤肥力特征,以及与植物生长发育的关系,赋予不同质地类别以相应的分值(见表 5-1)。

表 5-1　　土壤表层质地的量化处理

质地类别	中壤	轻壤	重壤	沙壤	砂土
分值	100	95	80	70	55

土体构型：首先以土层质地类别和其在土体中的部位对各类土体构型进行归纳，根据不同的土体构型对植物生长发育的影响，赋予不同土体构型以相应的分值(见表 5-2)。

表 5-2　　土体构型的量化处理

土体构型	中壤均质	中壤黏腰	轻壤黏腰	轻壤均质	中壤黏心	中壤砂姜腰	中壤砂腰	重壤均质	轻壤砂心	沙壤砂心	中层	薄层
分值	100	95	95	90	85	85	80	60	60	50	30	10

地貌类型：根据不同的地貌类型对耕地地力及作物生长的影响，赋予其相应的分值(见表 5-3)。

表 5-3　　地貌类型的量化处理

地貌类型	缓平坡地	山前倾斜平地	山前缓平地	缓岗	浅平洼地	槽状洼地	河谷高地	河漫滩	河谷梯田	近山阶地	坡麓梯田	荒坡岭
分值	100	97	95	93	90	87	84	80	60	40	20	10

障碍状况：考虑影响周村区耕地地力的主要障碍状况，将其障碍状况归纳为不同的类型，并根据其对耕地地力的影响程度进行量化处理(见表 5-4)。

表 5-4　　障碍状况的量化处理

障碍状况	无障碍	浅黏	夹砂或砂姜	深夹	砾质
分值	100	90	80	60	40

2. 各类养分专题图层的生成

对于土壤有机质、氮、磷、钾、锌、硼、钼等养分数据，首先按照野外实际调查点进行整理，建立以各养分为字段、以调查点为记录的数据库，然后进行土壤采样样点图与分析数据库的连接，在此基础上对各养分数据进行自动的插值处理。

对比了分别在 MAPGIS 和 ARCVIEW 环境中的插值结果，发现 ARCVIEW 环境中的插值结果线条更为自然圆滑，更符合实际。因此，本研究中所有养分采样点数据均在 ARCVIEW 环境下操作，利用其空间分析模块功能对各养分数据进行自动的插值处理，经编辑处理，自动生成各土壤养分专题栅格图层。后续的耕地地力评价也以栅格形式进行，与矢量形式相比，能够将各评价要素信息精确到栅格(像元)水平，保证了评价结果的准确。图 5-2 和图 5-3 为在 ARCVIEW 下插值生成的周村区土壤有机质含量、有效硫含量分布栅格图。

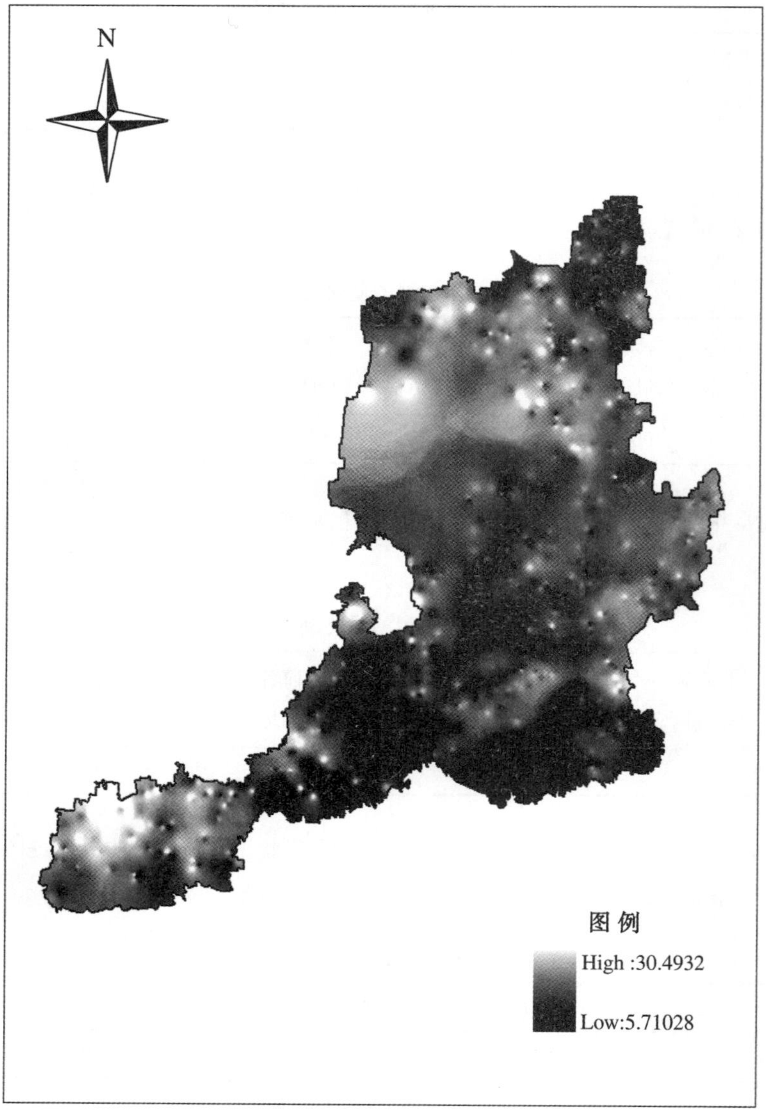

图 5-2　周村区土壤有机质含量栅格图

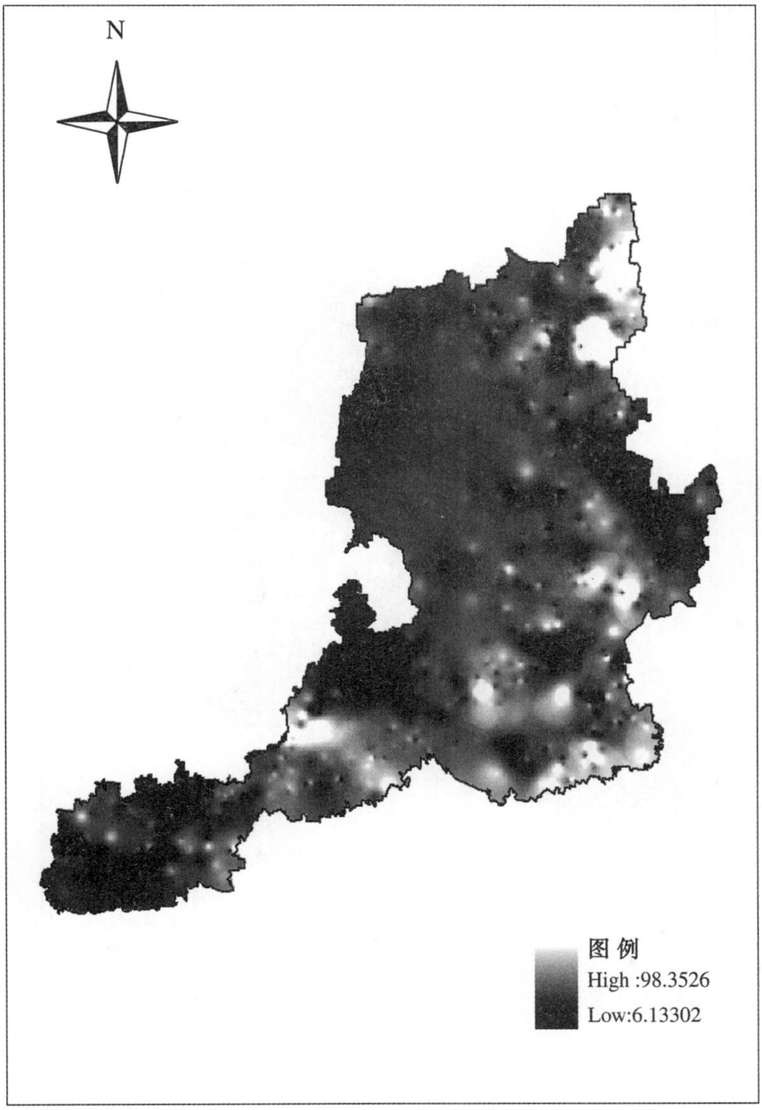

图 5-3　周村区土壤有效硫含量栅格图

3.数字高程模型和坡度图的生成

利用周村区 1∶50000 地形图，扫描输入后进行矢量化，获得等高线及高程信息，自动插值生成周村区数字高程模型(DEM)，在此基础上生成周村区地形坡度，经编辑处理后形成坡度图和三维地势图(见图 5-4)。

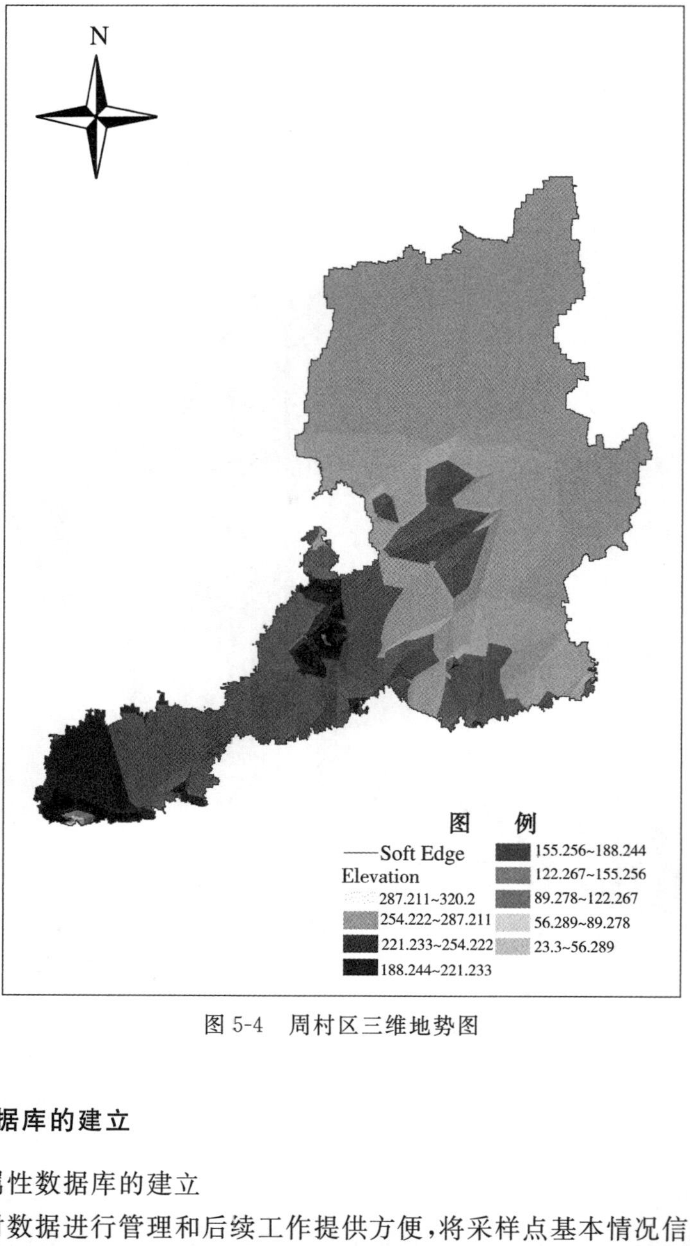

图 5-4 周村区三维地势图

三、基础数据库的建立

（一）基础属性数据库的建立

为更好地对数据进行管理和后续工作提供方便，将采样点基本情况信息、农业生产情况信息、土壤理化性状化验分析数据、土壤化验分析数据等信息以调查点为基本数据库记录进行属性数据库的建立，作为后续耕地地力评价工作的基础。

（二）基础专题图图形库的建立

将扫描矢量化及插值等处理生成的各类专题图件，在 ARCVIEW 和 MAPGIS 软件的支持下，分别以栅格形式和点、线、区文件的形式进行存储和管理，同时将所有图件统一转换到相同的地理坐标系统下，以进行图件的叠加等空间操作。各专题图图斑属性信息通过键盘交互式输入或通过与属性库挂接读取，构成基本专题图图形数据库。图形库与基础属性库之间通过调查点相互连接。

第三节 评价单元的划分及评价信息的提取

一、评价单元的划分

评价单元是由对耕地质量具有关键影响的各土地要素组成的空间实体，是耕地评价的最基本单位、对象和基础图斑。同一评价单元内的耕地的自然基本条件、个体属性和经济属性基本一致，不同耕地评价单元之间既有差异性又有可比性。耕地地力评价就是要通过对每个评价单元的评价，确定其地力级别，把评价结果落实到实地和编绘的土地资源图上。因此，土地评价单元划分的合理与否，直接关系到土地评价的结果以及工作量的大小。

目前，对耕地评价单元的划分尚无统一的方法，有以土壤类型、以土地利用类型、以行政区划单位、以方里网等多种方法。本次周村区耕地地力评价土地评价单元的划分采用土壤图、土地利用现状图的叠置划分法，相同土壤单元及土地利用现状类型的地块组成一个评价单元，即“土地利用现状类型—土壤类型”的格式。其中，土壤类型划分到土种，土地利用现状类型划分到二级利用类型，制图区界以基于遥感影像的周村区最新土地利用现状图为准。为了保证土地利用现状的现实性，基于野外的实地调查对耕地利用现状进行了修正，其中菜地进行了进一步的细分，到三级类型。同一评价单元内的土壤类型相同，利用方式相同，交通、水利、经营管理方式等基本一致，用这种方法划分评价单元可以反映单元之间的空间差异性，既使土地利用类型有了土壤基本性质的均一性，又使土壤类型有了确定的地域边界线，使评价结果更具综合性、客观性，可以较容易地将评价结果落实到实地。

通过图件的叠置和检索，将周村区耕地地力划分为 2847 个评价单元。

二、评价信息的提取

影响耕地地力的因子非常多，并且它们在计算机中的存储方式也不相同，因此，如何准确地获取各评价单元评价信息是评价中的重要一环。鉴于此，舍弃直接从键盘输入参评因子值的传统方式，采取将评价单元与各专题图件叠加采集各参评因素的信息。具体的做法是：按唯一标识原则为评价单元编号；在 ARCVIEW 环境下生成评价信息空间库和属性数据库；在 ARCMAP 环境下从图形库中调出各化学性状评价因子的专题图，与评价单元图进行叠加计算出各因子的均值；保持评价单元几何形状不变，在耕地资源管理信息系统中直接对叠加后形成的图形的属性库进行“属性提取”操作，以评价单元为基本统计单位，按面积加权平均汇总评价单元立地条件评价因子的分值。

由此，得到图形与属性相连的、以评价单元为基本单位的评价信息，为后续耕地地力的评价奠定了基础。

第四节　参评因素的选取及其权重确定

正确地进行参评因素的选取并确定其权重，是科学地评价耕地地力的前提，直接关系到评价结果的正确性、科学性和社会可接受性。

一、参评因素的选取

参评因素是指参与评定耕地地力等级的耕地的诸属性。影响耕地地力的因素很多，在本次周村区耕地地力评价中，根据周村区的区域特点，遵循主导因素原则、差异性原则、稳定性原则、敏感性原则，采用定量和定性方法结合，进行了参评因素的选取。

（一）系统聚类方法

系统聚类方法用于筛选影响耕地地力的理化性质等定量指标，通过聚类将类似的指标进行归并，辅助选取相对独立的主导因子。利用 SPSS 统计软件进行了土壤养分等化学性状的系统聚类。

从图 5-5 可以看出，氯离子、全盐、硝态氮、全氮、交换性钙、有效硅、交换性镁、有效硼、有效钼、有效铁、有效锰、有效锌、有效铜、有效硫聚为一组，有效磷、速效钾、碱解氮、缓效钾聚为一组，有机质为一组，pH 为一组。

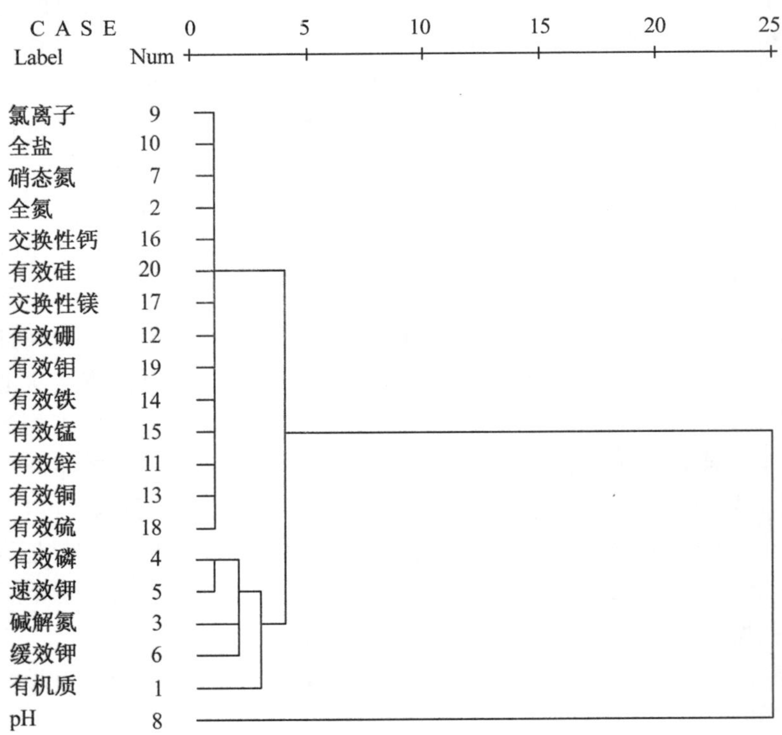

图 5-5　土壤养分等化学性状的聚类分析

（二）DELPHI 法

用 DELPHI 法进行影响耕地地力的立地条件、物理性状等定性指标的筛选。确定了由土壤农业化学学者、专家及周村区土肥站业务人员组成的专家组，首先对指标进行分类，在此基础上再进行指标的选取，并讨论确定最终的选择方案。

综合以上两种方法，在定量因素中根据各因素对耕地地力影响的稳定性，以及营养元素的全面性，在聚类分析第一组中选取有效锌、有效硼为参评因素，第二组中选取有效磷、速效钾为参评因素，第三组中选取有机质为参评因素。结合专家组选择结果，最后确定灌溉保证率、坡度、地形地貌、耕层质地、剖面构型、障碍层状况、土层厚度、有机质、大量元素（速效钾、有效磷）、微量元素（有效锌、有效硼）等 12 项因素作为耕地地力评价的参评指标。

二、权重的确定

在耕地地力评价中，需要根据各参评因素对耕地地力的贡献确定权重。确定权重的方法很多，本评价中采用层次分析法（AHP）来确定各参评因素的权重。

层次分析法是在定性方法基础上发展起来的定量确定参评因素权重的一种系统分析方法。这种方法可将人们的经验思维数量化，用以检验决策者判断的一致性，有利于实现定量化评价。层次分析法确定参评因素的步骤如下：

（一）建立层次结构

耕地地力为目标层（G 层），影响耕地地力的立地条件、物理性状、化学性状为准则层（C 层），再把影响准则层中各元素的项目作为指标层（A 层），其结构关系如图 5-6 所示。

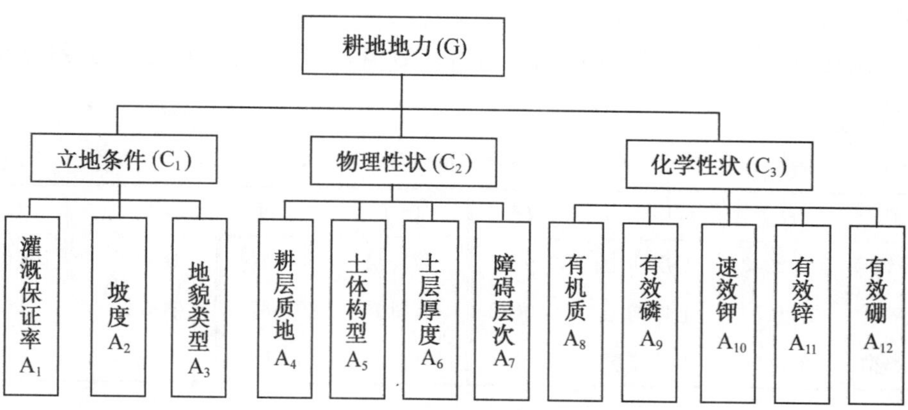

图 5-6　耕地地力影响因素层次结构

（二）构造判断矩阵

根据专家经验，确定 C 层对 G 层以及 A 层对 C 层的相对重要程度，构成 A、C_1、C_2、C_3 共 4 个判断矩阵。例如，土层质地、土体构型、有效土层厚度、障碍层次状况对耕地物理性状的判断矩阵表示为：

$$C_2=\begin{pmatrix}a_{11} & a_{12} & a_{13} & a_{14}\\ a_{21} & a_{22} & a_{23} & a_{24}\\ a_{31} & a_{32} & a_{33} & a_{34}\\ a_{41} & a_{42} & a_{43} & a_{44}\end{pmatrix}=\begin{pmatrix}1 & 1.25 & 0.7143 & 1.6667\\ 0.8 & 1 & 0.5714 & 1.3333\\ 1.4 & 1.75 & 1 & 2.3333\\ 0.6 & 0.75 & 0.4286 & 1\end{pmatrix}$$

其中，a_{ij}（i 为矩阵的行号，j 为矩阵的列号）表示对 C_2 而言，a_i 对 a_j 的相对重要性的数值。

（三）层次单排序及一致性检验

层次单排序及一致性检验，即求取 A 层对 C 层的权数值，可归结为计算判断矩阵的最大特征根对应的特征向量。利用 SPSS 等统计软件，得到的各权数值及一致性检验的结果如表 5-5 所示。

表 5-5　　权数值及一致性检验结果

矩　阵	特征向量					C_I	C_R
矩阵 A		0.4186	0.3488	0.2326		−0.00000537	0.00000926<0.1
矩阵 C_1		0.1980	0.3564	0.4455		−0.00000369	0.00000575<0.1
矩阵 C_2	0.2159	0.2699	0.1542	0.3599		0.00000621	0.0000069<0.1
矩阵 C_3	0.0787	0.0945	0.1181	0.2362	0.4724	0.00000549	0.00000491<0.1

可以看出，$C_R<0.1$，具有很好的一致性。

（四）层次总排序及一致性检验

经层次总排序，并进行一致性检验，结果为 $C_I=0.00000369$，$C_R=0.00000402$，具有满意的一致性，最后计算 A 层对 G 层的组合权数值，得到各因子的权重，最终结果如表 5-6所示。

表 5-6　　各因子的权重

因子	权重	因子	权重	因子	权重	因子	权重
灌溉保证率	0.2248	耕层质地	0.0790	障碍层	0.0474	速效钾	0.0556
坡度	0.1252	土体构型	0.0632	有机质	0.0834	有效锌	0.0278
地貌类型	0.0996	土体厚度	0.1106	有效磷	0.0694	有效硼	0.0139

第五节　耕地地力等级的确定

土地是一个灰色系统，系统内部各要素之间与耕地的生产能力之间关系十分复杂，并且评价中也存在着许多不严格、模糊性的概念，因此在评价中引入模糊数学方法，采用模糊评价方法来进行耕地地力等级的确定。

一、参评因素隶属函数的建立

用 DELPHI 法根据一组分布均匀的实测值评估出对应的一组隶属度，然后在计算机中绘制出这两组数值的散点图，再根据散点图进行曲线模拟，寻求参评因素实际值与隶属度关系方程，从而建立起隶属函数。各参评因素的分级及其相应的专家赋值和隶属度如表 5-7 所示。

表 5-7　　参评因素的分级及其分值

参评因素		分级及分值											
坡度	分级	0	0.2	0.5	1	3	5	7	10	15	25		
	分值	98	100	98	95	90	80	60	30	10	1		
	隶属度	0.98	1.00	0.98	0.90	0.80	0.60	0.30	0.1	0.01			
地貌类型	分级	缓平坡地	山前倾斜平地	山前缓平地	缓岗	浅平洼地	槽状洼地	河谷高地	河漫滩	河谷梯田	近山阶地	坡麓梯田	荒坡岭
	分值	100	97	95	93	90	84	80	60	40	20	10	
	隶属度	1.00	0.97	0.95	0.93	0.90	0.84	0.80	0.60	0.40	0.20		
灌溉保证率	分级	80	70	60	50	30	10	0					
	分值	100	90	80	65	40	10	0					
	隶属度	1.00	0.90	0.80	0.65	0.40	0.10	0.00					
有机质	分级	2.0	1.8	1.6	1.4	1.2	1.0	0.8	0.6				
	分值	100	98	95	90	84	78	65	50				
	隶属度	1.00	0.98	0.95	0.90	0.84	0.78	0.65	0.50				
有效磷	分级	400	300	200	110	80	60	40	30	20	15	10	5
	分值	70	80	90	100	98	96	92	90	85	80	60	40
	隶属度	0.70	0.80	0.90	1.00	0.98	0.96	0.92	0.90	0.85	0.80	0.60	0.40
速效钾	分级	400	320	240	160	120	100	80	60				
	分值	100	98	93	85	82	78	70	50				
	隶属度	1.00	0.98	0.93	0.85	0.82	0.78	0.70	0.50				
有效锌	分级	2.0	1.5	1.2	1.0	0.8	0.5	0.3					
	分值	100	92	87	85	80	70	55					
	隶属度	1.00	0.92	0.87	0.85	0.80	0.70	0.55					
有效硼	分级	1.8	1.5	1.2	1.0	0.8	0.5	0.2					
	分值	100	95	87	85	80	70	55					
	隶属度	1.00	0.95	0.87	0.85	0.80	0.70	0.55					

续表

参评因素		分级及分值											
耕层质地	分级	中壤	轻壤	重壤	沙壤	砂土							
	分值	100	95	80	70	55							
	隶属度	1.00	0.95	0.80	0.70	0.55							
障碍层状况	分级	其他	浅黏	夹砂砂姜	深夹	砾质							
	分值	100	90	80	60	40							
	隶属度	1.00	0.90	0.80	0.60	0.40							
剖面构型	分级	中壤均质	中壤黏腰	轻壤黏腰	轻壤均质	中壤黏心	中壤砂姜腰	中壤砂腰	重壤均质	轻壤砂心	沙壤砂心	中层	薄层
	分值	100	95	95	90	85	85	80	60	60	50	30	10
	隶属度	1.00	0.95	0.95	0.90	0.85	0.85	0.80	0.60	0.60	0.50	0.30	0.10
有效土层	分级	150	130	110	90	70	50	30					
	分值	100	95	88	70	55	35	10					
	隶属度	1.00	0.95	0.88	0.70	0.55	0.35	0.10					

通过模拟共得到正直线型、戒上型、戒下型 3 种类型的隶属函数，其中有效磷属于以上两种或两种以上的复合型隶属函数，地貌类型、质地等描述性的因素属于正直线型隶属函数，然后根据隶属函数计算各参评因素的单因素评价评语。以有机质为例绘制的散点图和模拟曲线如图 5-7 和图 5-8 所示。

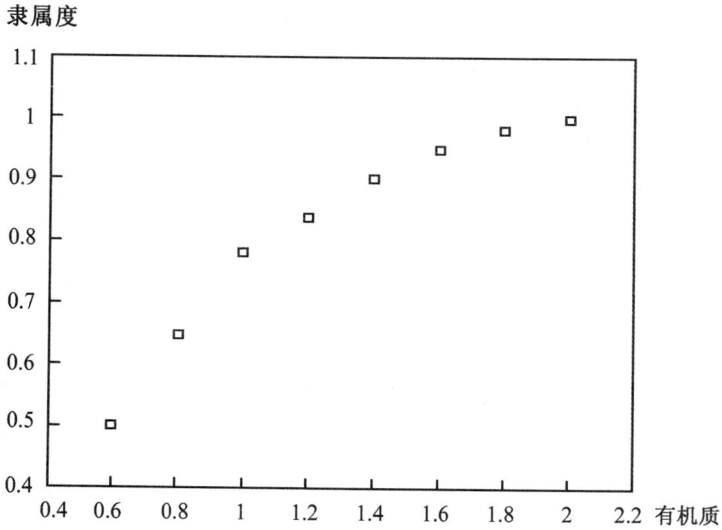

图 5-7 有机质与隶属度关系散点图

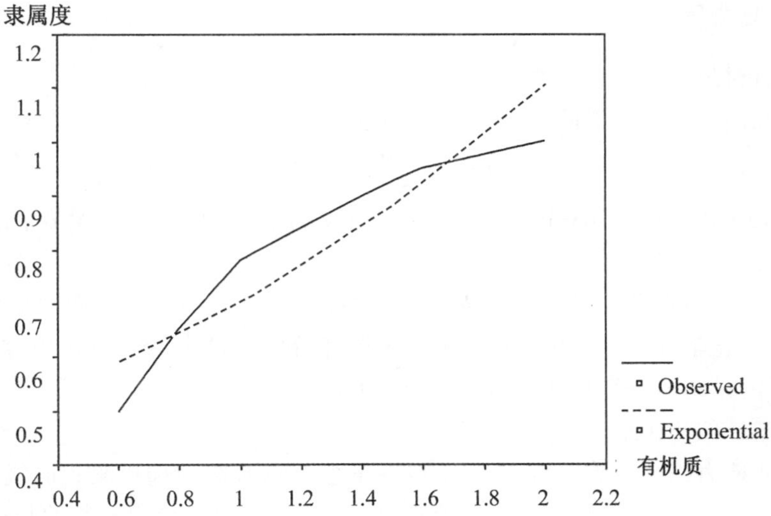

图 5-8　有机质与隶属度关系曲线

其隶属函数为戒上型，形式为：

$$y=\begin{cases}0 & (x\leqslant x_t)\\ 1/[1+A\times(x-C)^2] & (x_t<x<C)\\ 1 & (C\leqslant x)\end{cases}$$

各参评因素类型及其隶属函数如表 5-8 所示。

表 5-8　参评因素类型及其隶属函数

函数类型	参评因素	隶属函数	A	C	U_1	U_2
戒上型	有机质(g/kg)	$y=1/[1+A(x-C)^2]$	0.543	1.822	0.35	1.822
戒上型	速效钾(mg/kg)	$y=1/[1+A(x-C)^2]$	0.0000076	327.836	15	327.836
戒上型　<110	有效磷(mg/kg)	$y=1/[1+A(x-C)^2]$	0.0000992	80.159	3	80.159
戒下型　>110			0.00000742	111.967	111.967	450
戒上型	有效锌(mg/kg)	$y=1/[1+A(x-C)^2]$	0.245	1.924	0.1	1.924
戒上型	有效硼(mg/kg)	$y=1/[1+A(x-C)^2]$	0.251	1.879	0.1	1.879
正直线型	地貌类型(分值)	$y=B+AU$	0.01	0	0	100
正直线型	剖面构型(分值)	$y=B+AU$	0.01	0	0	100
正直线型	障碍层状况(分值)	$y=B+AU$	0.01	0	0	100
正直线型	耕层质地(分值)	$y=B+AU$	0.01	0	0	100
正直线型	坡度(分值)	$y=B+AU$	0.01	0	0	100
正直线型	灌溉保证率(分值)	$y=B+AU$	0.01	0	0	100
正直线型	有效土层(分值)	$y=B+AU$	0.01	0	0	100

二、耕地地力等级的确定

(一)计算耕地地力综合指数

用指数和法来确定耕地的综合指数,公式为:

$$\mathrm{IFI} = \sum F_i \times C_i$$

其中,IFI(Integrated Fertility Index)代表耕地地力综合指数,F_i 代表第 i 个因素评语,C_i 代表第 i 个因素的组合权重。

具体操作过程:在县域耕地资源管理信息系统中,在“专题评价”模块中编辑立地条件、物理性状和化学性状的层次分析模型以及各评价因子的隶属函数模型,然后选择“耕地生产潜力评价”功能进行耕地地力综合指数的计算。

(二)确定最佳的耕地地力等级数目

计算耕地地力综合指数之后,在耕地资源管理信息系统中选择累积曲线分级法进行评价,根据曲线斜率的突变点(拐点)来确定等级的数目和划分综合指数的临界点,将周村区耕地地力共划分为 6 个级别,各等级耕地地力综合指数如表 5-9 所示,综合指数分布如图 5-9 所示。

表 5-9　周村区耕地地力等级综合指数

IFI	>0.94	0.88～0.94	0.83～0.88	0.75～0.83	0.64～0.75	<0.64
耕地地力等级	一级地	二级地	三级地	四级地	五级地	六级地

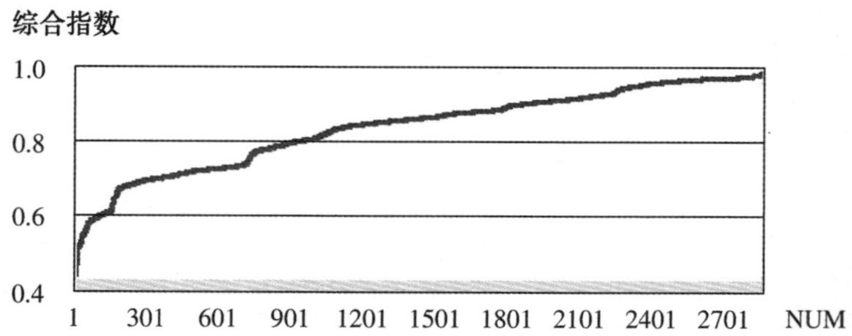

图 5-9　周村区综合指数分布图

第六节　图件的编制及面积的量算

一、图件的编制

为了提高制图的效率和准确性,在地理信息系统软件 MAPGIS 的支持下,进行周村区耕地地力评价图及相关图件的自动编绘处理,其步骤大致分以下几步:扫描矢量化各基础图件→编辑点、线→点、线校正处理→统一坐标系→区编辑并对其赋属性→根据属性赋颜色→根据属性加注记→图幅整饰输出。另外，还充分发挥 MAPGIS 强大的空间分析功能，用评价图与其他图件进行叠加，从而生成其他专题图件。如评价图与行政区划图叠加，进而计算各行政区划单位内的耕地地力等级面积等。

（一）专题图地理要素底图的编制

专题地图的地理要素内容是专题图的重要组成部分，用于反映专题内容的地理分布，并作为图幅叠加处理等的分析依据。地理要素的选择应与专题内容相协调，考虑图面的负载量和清晰度，应选择基本的、主要的地理要素。

以周村区最新的土地利用现状图为基础，对此图进行制图综合处理，选取主要的居民点、交通道路、水系、境界线等及其相应的注记，进而编辑生成 1∶50000 各专题图地理要素底图。

（二）耕地地力评价图的编制

以耕地地力评价单元为基础，根据各单元的耕地地力评价等级结果，对相同等级的相邻评价单元进行归并处理，得到各耕地地力等级图斑。在此基础上，分两个层次进行图面耕地地力等级的表示：一是颜色表示，即赋予不同耕地地力等级以相应的颜色。二是代号表示，用罗马数字Ⅰ、Ⅱ、Ⅲ、Ⅳ、Ⅴ、Ⅵ表示不同的耕地地力等级，并在评价图相应的耕地地力图斑上注明。将评价专题图与以上的地理要素图复合，整饰得出周村区 1∶50000 耕地地力评价图。

（三）其他专题图的编制

对于有机质、速效钾、有效磷、有效锌等其他专题要素地图，则按照各要素的分级分别赋予相应的颜色，标注相应的代号，生成专题图层。之后与地理要素图复合，编辑处理生成专题图件，并进行图幅的整饰处理，最终形成专题图。

二、面积的量算

面积的量算可通过与专题图相对应的属性库的操作直接完成。对耕地地力等级面积的量算，则可在 FOXPRO 数据库的支持下，对图件属性库进行操作，检索相同等级的面积，然后汇总得出各类耕地地力等级的面积，根据周村区图幅理论面积进行平差，得到准确的面积数值。对于不同行政区划单位内部、不同的耕地利用类型等的耕地地力等级面积的统计，则通过耕地地力评价图与相应的专题图进行叠加分析，由其相应属性库统计获得。

第六章　耕地地力分析

本次耕地地力分析按照农业部耕地质量调查和评价的规程及相关标准，结合当地实际情况，选取了对耕地地力影响较大、区域内变化明显、在时间序列上具有相对稳定性、与农业生产有密切关系的12个因素，建立评价指标体系。以土壤图与土地利用现状图叠加形成评价单元，应用模糊综合评判方法，通过综合分析，将全区耕地共划分为6个等级，根据评价结果进行耕地地力的系统分析。

第一节　耕地地力等级及空间分布

一、耕地地力等级面积

利用MAPGIS软件，对评价图属性库进行操作，检索统计耕地各等级的面积和图幅总面积。以2010年周村区总耕地面积为基准，按面积比例平差，计算出各耕地地力等级面积。

周村区2010年总耕地面积为10446.3hm²，其中一级地和二级地占总耕地面积的40.78%，三级地和四级地占总耕地面积的31.77%，五级地和六级地占总耕地面积的27.35%。一级地分布面积最大，占总耕地面积的21.98%。六级地分布面积最小，约占总耕地面积的7.30%（见表6-1）。

表6-1　耕地地力评价结果面积统计

等级	一级地	二级地	三级地	四级地	五级地	六级地	总计
面积（hm^2）	2296.12	1964.21	2058.21	1271.11	2094.04	762.61	10446.30
百分比（%）	21.98	18.80	19.70	12.17	20.05	7.30	100

通过统计各等级农户调查表（136份）和抽选有代表性农户入户调查表（140份），得到周村区各等级耕地粮食产量结果，如表6-2所示。

表6-2　各等级耕地粮食产量及水平

等级	一级地	二级地	三级地	四级地	五级地	六级地
粮食产量（kg/hm^2）	14348.6	13355.0	11142.7	10047.3	8349.5	6728.7
相当于国家等级	一级地	二级地	三级地	四级地	五级地	六级地

二、耕地地力空间分布分析

(一)耕地地力等级分布

一级地和二级地面积较大,主要分布于周村区的北部和东部地区,微地貌类型为微斜平地、丘前倾斜平地、低丘坡地、浅平洼地和丘间洼地。这一区域耕地地力情况较好,农业基础设施均配套成型,测土配方施肥工程也首先在这一区域展开。三级地、四级地分散在南部及西南部地区,属于只要加大资金投入,完善基础设施,改善生产条件,产量就能大幅提高的中产田类型,有一定的开发潜力。五级地和六级地主要分布在中南部地区。这一区域耕地有效耕层薄,肥力低,基本无灌溉条件,属于低产田类型。

从等级的分布地域特征可以看出,等级的高低与地貌类型、土壤类型及海拔高度之间存在着密切的关系,呈现明显的地域分布规律:随着耕地地力等级的提高,地貌类型沿着微斜平地—丘前倾斜平地—丘间坡地—浅平洼地—丘间洼地—低山岭地方向变化,土壤类型由潮褐土、褐土、砂姜黑土向褐土性土转化。

(二)耕地地力等级的行政区域划分

将耕地地力等级分布图与区行政区划图进行叠置分析,从耕地地力等级行政区域分布数据库中,按权属字段检索出各等级的记录,统计出各级地在各地的分布状况(见表6-3)。

表 6-3　耕地地力等级行政区域分布

区域		一级地	二级地	三级地	四级地	五级地	六级地	合计
北郊	面积(hm^2)	1706.23	617.64	152.94	0	1.78	0	2478.59
	百分比(%)	68.84	24.92	6.17	0	0.07	0	100
城北路	面积(hm^2)	449.68	73.03	0	0	0	0	522.71
	百分比(%)	86.03	13.97	0	0	0	0	100
青年路	面积(hm^2)	95.95	14.21	0	0.64	0	0	110.8
	百分比(%)	86.6	12.82	0	0.58	0	0	100
大街	面积(hm^2)	0	11.24	0	0	2.52	0	13.76
	百分比(%)	0	81.69	0	0	18.31	0	100
丝绸路	面积(hm^2)	0	13.59	17.3	26.73	18.29	0	75.91
	百分比(%)	0	17.9	22.79	35.21	24.09	0	100
南郊	面积(hm^2)	0	714.1	865.45	396.17	459.88	213.64	2649.24
	百分比(%)	0	26.95	32.67	14.95	17.36	8.06	100
永安街	面积(hm^2)	44.26	55.66	0	3.85	0	0	103.77
	百分比(%)	42.65	53.64	0	3.71	0	0	100
萌水	面积(hm^2)	0	239.33	499.35	465.74	674.81	139.81	2019.04
	百分比(%)	0	11.85	24.73	23.07	33.42	6.92	100

续表

区域		一级地	二级地	三级地	四级地	五级地	六级地	合计
王村	面积(hm^2)	0	225.4	523.17	377.98	936.77	409.16	2472.48
	百分比(%)	0	9.12	21.16	15.29	37.89	16.55	100

可以看出，一级地、二级地所占比例较高的为北郊、城北路、青年路、大街，三级地、四级地所占比例较高的主要为南郊、萌水、王村，五级地、六级地所占比例较高的为王村、萌水、南郊。

第二节 耕地地力等级分述

一、一级地

(一)面积与分布

一级地综合评价指数高于 0.94，耕地面积为 2296.12hm^2，占全区总耕地面积的 21.98%。其中水浇地面积为 2218.43hm^2，占一级地面积的 96.62%；菜地面积为 48.15hm^2，仅占一级地面积的 2.10%；旱地面积为 29.54hm^2，仅占一级地面积的 1.29%(见表 6-4)。

表 6-4 一级地各利用类型面积

利用类型	评价单元(个)	面积(hm^2)	占总耕地面积(%)	占一级地面积(%)
水浇地	511	2218.43	21.24	96.62
菜地	60	48.15	0.46	2.1
旱地	22	29.54	0.28	1.29
总计	593	2296.12	21.98	100

一级地主要分布于北郊和城北路，青年路和永安街有部分一级地分布，南郊、王村、萌水、丝绸路和大街境内没有一级地分布。一级地平均单产为 14348.6kg/hm^2，相当于国家的一级地水平。

(二)主要属性分析

一级地土壤类型为潮褐土、褐土和砂姜黑土。土壤表层质地为中壤和轻壤，有少量的重壤。土体构型以中壤黏腰、轻壤均质和重壤黏心为主，有少量重壤黏腰，障碍层次为浅黏。微地貌类型以微斜平地为主，有少量浅平洼地，坡度为 0°～3°，土壤理化性状良好，可耕性强。农田水利设施较为完善，灌排条件好，灌溉保证率均达到 75%以上。土壤养分含量方面，速效钾、交换性钙、有效铜、有效锰中偏上，交换性镁、有效硅、有效钼含量高，有效磷较低，有效硫含量偏低，其余养分含量属于中等(见表 6-5)。

表 6-5　　一级地主要养分含量

项目	平均含量	变幅	含量水平
pH	7.1	6.6～7.7	中性
有机质(g/kg)	21.9	10.7～28.3	中等
全氮(g/kg)	1.10	0.75～1.41	中等
碱解氮(mg/kg)	101	68～144	中等
有效磷(mg/kg)	40.2	15.2～83.2	中偏下
缓效钾(mg/kg)	730	525～970	中等
速效钾(mg/kg)	149	61～273	中偏上
有效硫(mg/kg)	19.3	12.4～86.5	低
交换性钙(mg/kg)	4803	1107～8534	中偏上
交换性镁(mg/kg)	646	178～1220	高
有效硅(mg/kg)	579.1	247.7～822.2	高
有效铜(mg/kg)	1.76	0.96～4.20	中偏上
有效锌(mg/kg)	1.51	0.68～3.39	中等
有效铁(mg/kg)	12.72	6.10～45.20	中等
有效锰(mg/kg)	29.83	12.70～106.40	中偏上
有效硼(mg/kg)	3.50	1.91～6.70	中等
有效钼(mg/kg)	0.41	0.17～3.00	高

(三)存在问题

一是该地区属全区经济较发达地区，农民就业渠道较多，人均占有耕地较少，对农业重视程度不够，加上农业生产的比较效益较低，农民对耕地的投入较少，限制了耕地生产潜力的发挥；二是土壤肥力与高产、高效农业的需求还有一定差距，有些养分含量中等甚至偏低，生产上注重施用氮肥和磷肥，对钾肥的重视程度不够，通过这几年测土配方施肥项目的实施，这一习惯有所改变；三是施肥、用药种类与比例不合理，缺乏针对性，盲目性较大，不能根据需要合理使用，大多都是看别人施什么，自己就施什么，今后应加大培训力度，达到科学合理使用农药化肥。

(四)合理利用

一级地是全区综合性能最好的耕地，各项评价指标均属良好型。土层厚，排灌性好，易于耕作，养分含量高，保肥、保水，适于各种作物生长，是周村区的丰产耕地，被称为周村区的“菜篮子”“米袋子”。利用方向是发展高产、优质、高效农业，如无公害蔬菜基地、日光温室、反季节瓜果栽培、中高档花卉苗木种植等为主的都市农业区。为此，应搞好以下工作：

(1)农业部门应结合科技入户、配方施肥等工程，加大宣传力度，转变观念，提高认识，加大农业投入，提升农业综合生产能力。

(2)增施有机肥，增加土壤有机质含量。目前，施用有机肥的农户不超过5%，今后应广辟肥源，并把现有有机肥充分利用好；实施平衡施肥，防止土壤污染，适量补施硫肥，提高耕地质量。

(3)加大检测力度，确保农业灌溉、施肥、用药安全，搞好无公害生产。

利用方向：应科学规划，严格控制建设用地，加强保护，做到用地、养地相结合，实现可持续利用。

二、二级地

(一)面积与分布

二级地综合评价指数为0.88～0.94，耕地面积为1964.21hm^2，占全区总耕地面积的18.80%。其中水浇地面积为1839.37hm^2，占二级地面积的93.64%；旱地面积为92hm^2，占二级地面积的4.68%；菜地面积为32.83hm^2，仅占二级地面积的1.67%(见表6-6)。

表6-6 二级地各利用类型面积

利用类型	评价单元(个)	面积(hm^2)	占总耕地面积(%)	占一级地面积(%)
水浇地	505	1839.37	17.61	93.64
旱地	25	92	0.88	4.68
菜地	40	32.83	0.31	1.67
总计	570	1964.21	18.8	100

二级地主要分布在南郊、北郊、萌水和王村，其中以南郊分布面积最大，为714.10hm^2，占该镇耕地面积的26.95%，占二级地的36.36%。城北路、永安街、青年路、丝绸路和大街有少量或零星分布。二级地平均单产为13355.0kg/hm^2，相当于国家的二级地水平。

(二)主要属性分析

二级地土壤类型为褐土、砂姜黑土和潮褐土。土壤表层质地主要是中壤、重壤和轻壤，土体构型以中壤黏腰、重壤黏心和轻壤均质为主，有少量中壤均质、重壤黏腰和轻壤黏腰。障碍层为浅黏。微地貌类型为微斜平地、丘前倾斜平地、浅平洼地、低丘坡地和丘间洼地。坡度为0°～5°，土壤理化性状良好，可耕性较强。农田水利设施较为完善，灌排条件良好，灌溉保证率大部分达到75%以上。土壤养分含量方面，全氮、有效磷、速效钾、交换性镁、有效铜、有效锌、有效铁、有效钼中偏上，有效硅、有效锰高，有效硫低，缓效钾较低，其余养分含量中等(见表6-7)。

表 6-7　二级地主要养分含量

项目	平均含量	变幅	含量水平
pH	7.1	6.6～7.6	中性
有机质(g/kg)	21.4	10.3～30.1	中等
全氮(g/kg)	1.15	0.73～1.45	中偏上
碱解氮(mg/kg)	112	69～156	中等
有效磷(mg/kg)	56.8	11.8～98.6	中偏上
缓效钾(mg/kg)	713	350～1167	中偏下
速效钾(mg/kg)	144	59～251	中偏上
有效硫(mg/kg)	18.9	11.3～42.7	低
交换性钙(mg/kg)	3524	789～7084	中等
交换性镁(mg/kg)	566	129～1161	中偏上
有效硅(mg/kg)	481.8	296.2～716.1	高
有效铜(mg/kg)	1.78	0.66～4.45	中偏上
有效锌(mg/kg)	1.86	0.43～8.17	中偏上
有效铁(mg/kg)	21.01	5.90～53.10	中偏上
有效锰(mg/kg)	46.65	8.10～164.00	高
有效硼(mg/kg)	3.66	0.87～7.79	中等
有效钼(mg/kg)	0.31	0.11～2.52	中偏上

(三)存在问题

二级地存在的问题主要是部分地区耕层中存在浅黏等障碍性层次；部分耕地地形坡度较大，耕地环境质量欠佳；灌溉水平参差不齐，12.12%的灌溉保证率为50%，属于“靠天吃饭”。大部分耕地因多年连续旋耕，犁底层坚固，耕层只有15～18cm，不利于水分和养分的吸收利用。

(四)合理利用

增施有机肥料，实行秸秆直接还田或过腹还田，不断培肥地力；采取深耕等措施，破除犁底层，改良土壤质地和构型，有利于作物根系伸展；同时与农田基础建设相结合，兴修水利，大力推广节水灌溉技术，扩大灌溉面积；平整土地，改良作物种植条件；在坚持因地制宜的基础上，着重补施微肥。

三、三级地

(一)面积与分布

三级地综合评价指数为0.83～0.88，是周村区分布面积最大的一级土地，耕地面积为2058.21hm^2，占全区总耕地面积的19.70%。其中水浇地面积为1712.15hm^2，占三级地面积的 83.19%；旱地面积为 334.8hm²，占三级地面积的 16.27%；菜地面积为 11.26hm²，仅占三级地面积的 0.55%（见表 6-8）。

表 6-8　三级地各利用类型面积

利用类型	评价单元(个)	面积(hm²)	占总耕地面积(%)	占一级地面积(%)
水浇地	479	1712.15	16.39	83.19
菜地	20	11.26	0.11	0.55
旱地	116	334.8	3.2	16.27
总计	615	2058.21	19.7	100

三级地主要分布在南郊、萌水、王村和北郊，其中以南郊分布面积最大，为 865.45hm²，占该镇耕地面积的 32.67%，占三级地的 42.05%。丝绸路零星分布，城北路、永安街、青年路和大街没有三级地分布。三级地平均单产为 11142.7kg/hm²，相当于国家的三级地水平。

（二）主要属性分析

三级地土壤类型以褐土和潮褐土为主，兼有少量砂姜黑土。土壤表层质地主要是中壤，兼有少量轻壤和重壤，土体构型以中壤黏腰、中壤均质为主，有少量轻壤黏腰、中壤黏心、重壤黏心和轻壤均质，障碍层次为浅黏。微地貌类型主要是低丘坡地、丘前倾斜平地和丘间洼地，有少量微斜平地和浅平洼地，坡度为 0°～5°。灌溉保证率大部分能达到 50%，个别仅为 25%。土壤养分含量除有效硫低和缓效钾较低，其余均较理想（见表 6-9）。

表 6-9　三级地主要养分含量

项目	平均含量	变幅	含量水平
pH	7.1	6.4～7.7	中性
有机质(g/kg)	20.8	11.7～29.7	中等
全氮(g/kg)	1.14	0.61～1.49	中等
碱解氮(mg/kg)	114	61～157	中等
有效磷(mg/kg)	56.7	15.1～95.2	中偏上
缓效钾(mg/kg)	691	282～1262	中偏下
速效钾(mg/kg)	132	54～273	中偏上
有效硫(mg/kg)	19.0	8.7～41.8	低
交换性钙(mg/kg)	3429	1580～6608	中等
交换性镁(mg/kg)	562	222～987	中偏上
有效硅(mg/kg)	490.1	227.0～739.4	高
有效铜(mg/kg)	1.79	0.98～6.90	中偏上

续表

项目	平均含量	变幅	含量水平
有效锌(mg/kg)	1.71	0.22～6.73	中偏上
有效铁(mg/kg)	25.21	8.00～59.20	中偏上
有效锰(mg/kg)	53.65	6.80～121.20	高
有效硼(mg/kg)	3.43	0.51～7.84	中等
有效钼(mg/kg)	0.24	0.07～2.18	中偏上

(三)存在问题

三级地部分耕地灌溉条件受一定限制，难以实施秸秆直接还田；耕地大平、小不平，地块微有倾斜；耕地养分存在不平衡现象；部分养分变幅较大；由于旱涝不均，粮食产量稳定性差；由于土地差异大，机械化程度低，深耕面积更少，犁底层变浅。

(四)合理利用

一是大力搞好农田基本建设，维护和建设水利设施，大力推广节水灌溉，提高灌溉保证率；二是平田整地，深翻改土，加深耕层厚度，改善土壤物理性状；三是增施有机肥和微肥，推广秸秆过腹还田，增加土壤有机质。施肥上要改变偏好磷酸二铵的习惯，合理施用配方肥，确保土壤养分均衡。

四、四级地

(一)面积与分布

四级地综合评价指数为 0.75～0.83，耕地面积为 1271.11hm^2，占全区总耕地面积的 12.17%。其中旱地面积为 665.17hm^2，占四级地面积的 52.33%；水浇地面积为 600.78hm^2，占四级地面积的 47.26%；菜地面积为 5.15hm^2，占四级地面积的 0.41%(见表 6-10)。

表 6-10 四级地各利用类型面积

利用类型	评价单元(个)	面积(hm^2)	占总耕地面积(%)	占一级地面积(%)
水浇地	174	600.78	5.75	47.26
菜地	7	5.15	0.05	0.41
旱地	171	665.17	6.37	52.33
总计	352	1271.11	12.17	100

四级地主要分布在萌水、南郊和王村，其中萌水分布面积最大，为 465.74hm^2，占该镇耕地面积的 23.07%，占四级地面积的 36.64%。丝绸路、永安街和青年路有少量或零星分布，北郊、城北路和大街没有四级地分布。四级地平均单产为 10047.3kg/hm^2，相当于国家的四级地水平。

(二)主要属性分析

四级地土壤类型以褐土和潮褐土为主，兼有少量砂姜黑土。土壤表层质地主要是中壤和轻壤，土体构型以中壤黏腰、中壤黏心、中层和轻壤均质为主，有少量中壤均质，耕层中含有浅黏等明显障碍性层次。微地貌类型以低丘坡地为主，有少量丘前倾斜平地、丘间洼地和微斜平地。地形坡度为0°～7°。大部分地区灌溉保证率能达到25%以上，有小部分为无灌溉区。土壤养分含量除有效磷、缓效钾、速效钾、有效硫含量偏低，其余较理想（见表6-11）。

表6-11 四级地主要养分含量

项目	平均含量	变幅	含量水平
pH	6.9	6.4～7.7	中性
有机质(g/kg)	20.0	11.4～29.7	中等
全氮(g/kg)	1.10	0.72～1.46	中等
碱解氮(mg/kg)	113	64～187	中等
有效磷(mg/kg)	42.2	5.9～96.9	中偏下
缓效钾(mg/kg)	614	215～1181	中偏下
速效钾(mg/kg)	112	48～276	中偏下
有效硫(mg/kg)	17.6	10.9～33.7	低
交换性钙(mg/kg)	3288	1805～5103	中等
交换性镁(mg/kg)	522	214～908	中偏上
有效硅(mg/kg)	434.0	176.5～687.7	高
有效铜(mg/kg)	1.94	0.90～12.69	高
有效锌(mg/kg)	1.55	0.41～4.11	中等
有效铁(mg/kg)	25.22	6.50～59.60	高
有效锰(mg/kg)	50.50	3.30～121.80	高
有效硼(mg/kg)	3.47	0.60～9.27	中等
有效钼(mg/kg)	0.21	0.11～0.50	中等

（三）存在问题

该级地耕层中存在浅黏等障碍性层次，阻碍作物的正常发育；地形坡度较大，容易引起水土流失等地质灾害；农田水利设施不完善，灌溉条件较差；部分养分含量偏低，对作物生长不利。由于地处低丘陵坡，土体干旱，水浇条件缺乏，土层较薄，肥力较低，并有水土流失胁迫。砂姜黑土地处低洼，易旱、易涝，质地黏重，耕作困难。

（四）改良利用

修筑梯田，平整土地，增施有机肥，改善土壤环境；调整种植业结构，大力发展旱作农业，利用山区环境好、无污染的特点，引导鼓励农民发展果品生产；结合凤凰山、葫芦山生态休闲农业等重点项目实施，进一步提升该区域农民生产、生活条件；加快兴修农田水利，提高雨水利用率，改良土壤，增施有机肥料，提高土壤保水能力；合理耕作，蓄水保墒；合理栽培，科学种植，合理利用水分；增施磷肥、钾肥和微肥，改善土壤养分状况；土层较厚、交通较好的地方，利用大型农机具进行深耕和深耘相结合，争取深耕、深耘 1 年，免耕或少耕 2～3 年，避免水分散失。

利用方向：向生产专用优质商品粮油方向发展，生产绿色无公害农产品；适度发展观光休闲农业；增加植被，营造良好的田间小气候。

五、五级地

（一）面积与分布

五级地综合评价指数为 0.64～0.75，耕地面积为 2094.04hm²，占全区总耕地面积的 20.05%。其中旱地面积为 1816.41hm²，占五级地面积的 86.74%；水浇地面积为 275.91hm²，占五级地面积的 13.18%；菜地面积为 1.71hm²，仅占五级地面积的 0.08%（见表 6-12）。

表 6-12　　五级地各利用类型面积

利用类型	评价单元(个)	面积(hm²)	占总耕地面积(%)	占一级地面积(%)
旱地	485	1816.41	17.39	86.74
水浇地	75	275.91	2.64	13.18
菜地	3	1.71	0.02	0.08
总计	563	2094.04	20.05	100

五级地主要分布在王村、萌水和南郊，其中以王村分布面积最大，为 936.77hm²，占该镇耕地面积的 37.89%，占五级地的 44.74%。丝绸路、大街和北郊有少量或零星分布，永安街、城北路和青年路境内没有五级地分布。五级地平均单产为 8349.5kg/hm²，相当于国家的五级地水平。

（二）主要属性分析

五级地土壤类型以褐土为主，含有少量褐土性土和潮褐土。土壤表层质地为中壤和轻壤。土体构型以中壤黏腰、中层、中壤黏心和中壤均质为主，有少量轻壤均质和极薄层。耕层中含有砾石、浅黏等明显障碍性层次。微地貌类型以低丘坡地为主，有少量丘间洼地、丘前倾斜平地和低山岭地。地形坡度为 0.2°～10°。少部分地区灌溉保证率能达到 25%以上，有大量的无灌溉区。土壤养分含量除有效磷中等和有效硅、有效锰、有效铁较高，其余均较低（见表 6-13）。

表 6-13　　五级地主要养分含量

项目	平均含量	变幅	含量水平
pH	6.9	6.4～7.7	中性
有机质(g/kg)	18.1	7.7～28.5	中偏下
全氮(g/kg)	1.04	0.44～1.42	中偏下
碱解氮(mg/kg)	111	74～197	中偏下

续表

项目	平均含量	变幅	含量水平
有效磷(mg/kg)	47.3	10.6～96.7	中等
缓效钾(mg/kg)	560	162～993	中偏下
速效钾(mg/kg)	108	50～274	中偏下
有效硫(mg/kg)	19.0	10.4～33.7	低
交换性钙(mg/kg)	3289	944～6995	中偏下
交换性镁(mg/kg)	510	107～860	中等
有效硅(mg/kg)	468.8	200.7～717.5	高
有效铜(mg/kg)	1.75	0.94～11.70	中偏下
有效锌(mg/kg)	1.42	0.44～6.44	中偏下
有效铁(mg/kg)	27.13	7.80～64.60	高
有效锰(mg/kg)	56.00	4.50～210.80	高
有效硼(mg/kg)	2.70	0.53～8.12	中偏下
有效钼(mg/kg)	0.21	0.08～0.43	中等

(三)改良利用

近年来,五级地一直是周村区中低产田改造的重点。该级地耕层中存在砾石和浅黏等障碍性层次,地形坡度较大,不宜大面积开发整理成耕地,应根据实际情况发展林果业,种植苹果、梨、桃、无花果等果品。同时加大荒山治理力度,综合整治山水林田路。

利用方向:整修梯田,营造水土保持林,提高综合控制水土的能力;因土制宜地调整农业种植结构,发展耐旱、耐贫瘠作物,如红小豆、谷子、绿豆等;发展经济林,实行多种经营,有条件的地方可发展旅游业,增加收入。

六、六级地

(一)面积与分布

六级地综合评价指数低于 0.64,耕地面积为 762.61hm^2,占全区总耕地面积的 7.30%。其中旱地面积为 743.12hm^2,占六级地面积的 97.44%;水浇地面积为 19.49hm^2,仅占六级地面积的 2.56%(见表 6-14)。

表 6-14 六级地各利用类型面积

利用类型	评价单元(个)	面积(hm^2)	占总耕地面积(%)	占一级地面积(%)
旱地	146	743.12	7.11	97.44
水浇地	8	19.49	0.19	2.56
总计	154	762.61	7.3	100

六级地主要分布在王村、南郊和萌水，其中以王村分布面积最大，为 409.16hm²，占该镇耕地面积的 16.55%，占六级地的 53.65%。丝绸路、大街、北郊、永安街、城北路和青年路无六级地分布。六级地平均单产为 6728.7kg/hm²，相当于国家的六级地水平。

(二)主要属性分析

六级地土壤类型全部为褐土和褐土性土。土壤表层质地为中壤和轻壤。土体构型以中层为主，含有少量的极薄层和中壤黏心。耕层中含有砾石、浅黏等明显障碍性层次。微地貌类型以低丘坡地为主，有少量低山岭坡。地形坡度为 1°～25°。灌溉保证水平低，有大量的无灌溉区。土壤养分含量除少数中微量元素较高，其余均较低(见表 6-15)。

表 6-15 六级地主要养分含量

项目	平均含量	变幅	含量水平
pH	6.8	6.4～7.3	中性
有机质(g/kg)	17.1	13.0～26.3	中偏下
全氮(g/kg)	0.99	0.61～1.34	中偏下
碱解氮(mg/kg)	110	71～144	中偏下
有效磷(mg/kg)	45.9	14.8～91.4	中偏下
缓效钾(mg/kg)	536	210～802	低
速效钾(mg/kg)	94	50～171	中偏下
有效硫(mg/kg)	18.9	11.4～29.0	低
交换性钙(mg/kg)	3339	1737～5431	中偏下
交换性镁(mg/kg)	501	237～741	中等
有效硅(mg/kg)	425.5	208.0～751.8	高
有效铜(mg/kg)	1.65	1.05～2.64	中偏上
有效锌(mg/kg)	1.26	0.55～4.53	中偏下
有效铁(mg/kg)	31.04	10.10～59.00	高
有效锰(mg/kg)	55.98	10.20～115.30	高
有效硼(mg/kg)	2.86	1.28～5.90	中偏下
有效钼(mg/kg)	0.22	0.11～0.39	中偏上

(三)改良利用

六级地土壤物理条件较差，大部分存在砾石、浅黏等障碍性层次，较大的地形坡度使得灌溉水平较低，大部分只能靠天吃饭，不宜种植大田作物。改良利用上应重点因地制宜地充分利用山沟等自然条件，修筑塘坝，大力开辟水源，克服干旱威胁。

利用方向：调整种植业结构，适当发展经济林、用材林，实行多种经营，改善土壤环境条件，以防止水土流失、保护自然植被。

第三节 耕地地力等级符合性检验

山东农业大学资源与环境学院和济南天地亚太国土遥感有限公司联合对周村区耕地作出地力评价后，周村区农业局立即成立 5 人验证小组，针对全区涉及面积比较大、有代表性的 136 个点位，利用查看农户基本情况调查表的形式进行产量统计。并对各等级耕地按每类抽选 4 个村，每村选择 5～6 个农户进行实地调查，共选取农户 140 户，调查小麦、玉米产量。运用统计产量和调查结果相结合的方法，分析各等级耕地环境条件、土壤理化属性、管理水平等。通过综合分析得出，委托单位对周村区耕地地力评价的结果基本符合周村区实际。

一、产量水平

根据相关要求，通过查阅能代表周村区生产水平的北郊、南郊、萌水、王村、城北路近几年取土填写的农户基本情况调查表 136 份，统计出农户调查表中常年产量水平，具体结果如表 6-16 和表 6-17 所示。

表 6-16　各等级耕地统计产量结果

地力等级	选取点数（个）	粮食单产（kg/hm^2）	小麦单产（kg/hm^2）	玉米单产（kg/hm^2）	国家等级	相符性
一级地	20	14827.5	7509	7318.5	一级	符合
二级地	23	13326	6831	6495	二级	符合
三级地	24	11512.5	5904	5608.5	三级	符合
四级地	22	10378.5	5197.5	5181	四级	符合
五级地	24	8545.5	4375.5	4170	五级	符合
六级地	23	6349.5	3390	2959.5	六级	符合

表 6-17　实地调查结果

耕地地力等级	区域	行政村	粮食产量（kg/hm^2）			
			平均	合计	小麦	玉米
一级地	北郊	大姜村	13869.6	14049.4	6718.9	7330.5
		小姜村		14137.0	6756.0	7381.0
	城北路	沈家村		13871.0	6674.2	7196.8
		大房村		13421.0	6220.5	7200.5

续表

耕地地力等级	区域	行政村	粮食产量(kg/hm²)			
			平均	合计	小麦	玉米
二级地	北郊	官庄村	13383.9	13563.5	6194.2	7369.3
		周家村		13500.0	6107.1	7392.9
	南郊	北岭村		13871.8	6108.4	6636.4
		张楼村		12600.4	5727.3	6873.1
三级地	南郊	王家村	10772.9	10244.7	5073.5	5171.2
		柳行村		12123.3	5059.1	7064.2
	萌水	官三村		10178.6	5401.8	4776.8
		泽崖村		10545.1	5420.6	5124.5
四级地	南郊	演礼村	9716.0	11034.6	4607.6	6427.0
		山头村		9315.3	3489.0	5826.3
	王村	中央村		9239.5	4979.3	4260.2
		大史村		9274.8	5709.1	3565.7
五级地	萌水镇	新韩村	8153.4	7726.8	3605.0	4121.8
		龙泉村		7891.3	3760.9	4130.4
	王村	东道村		8414.6	4207.1	4207.5
		陈家村		8581.0	4235.0	4346.0
六级地	王村	上沙村	7107.8	6551.9	2694.2	3857.7
		朱首湾村		7136.2	3538.9	3597.3
		下沙村		6993.0	2933.9	4059.1
		李家疃村		7550.0	3623.7	4126.3

可以看出，从单产水平方面来说，无论是统计结果还是调查结果，都表明评价结果符合生产实际，各级地力等级与对应的国家等级一致。

二、灌溉情况

土壤水分是土壤的重要组成成分，是土壤肥力的重要因素，是植物生长的基本条件，是农业增产、增收的重要措施之一。灌、排水条件对土地生产力的影响比土壤、地形等自然因素要大。从表 6-18 可以看出，地力等级与灌溉保证率之间的关系很明显。一级地灌溉保证率在 75%以上，二级地灌溉保证率在 50%以上，三级地更低，四级地、五级地没有保证，六级地基本无灌溉条件，这些都与周村区的实际情况一致。周村区由于受大陆性季风气候的影响，干湿季节明显，天气变化较大。干旱是主要的灾害性天气，春季十年八旱，灌溉条件优劣，对于作物产量影响较大。所以从灌溉条件看，此次地力评价结果是准确、可靠的。

表 6-18 灌溉保证率分布表

年灌溉次数		一级地	二级地	三级地	四级地	五级地	六级地	合计
0	面积(hm^2)	0	0	0	7.56	1432.4	748.78	2188.74
	百分比(%)	0	0	0	0.35	65.44	34.21	100
1	面积(hm^2)	0	0	29.12	1022.27	301.94	7.24	1360.57
	百分比(%)	0	0	2.14	75.14	22.19	0.53	100
2	面积(hm^2)	0	238.13	1938.32	81.57	353.75	6.59	2618.36
	百分比(%)	0	9.09	74.03	3.12	13.51	0.25	100
3	面积(hm^2)	0	1485.13	89.85	159.7	5.95	0	1740.62
	百分比(%)	0	85.32	5.16	9.17	0.34	0	100
4	面积(hm^2)	2296.12	240.95	0.92	0	0	0	2538
	百分比(%)	90.47	9.49	0.04	0	0	0	100

三、有效土层

有效土层厚度不但影响作物根系、立地条件，而且通过土壤水分间接影响作物的生长。一级地、二级地、三级地有效土层较厚，一般都在 1m 以上，而五级地、六级地有效土层不足 0.5m，还有的不足 0.1m。五级地、六级地大都处于干旱缺水地区，旱地大多瘠薄，土层厚度对旱地粮食产量尤为重要，土层越厚，其保水、保肥效果就越好，反之亦然。从有效土层厚度看，评价结果也是准确的(见表 6-19)。

表 6-19 有效土层分布表

有效土层(cm)		一级地	二级地	三级地	四级地	五级地	六级地	合计
120	面积(hm^2)	2048.91	1781.58	1853.48	950.32	1202.99	6.12	7843.39
	百分比(%)	26.12	22.71	23.63	12.12	15.34	0.08	100
100	面积(hm^2)	247.21	182.63	204.73	161.09	231.16	0	1026.82
	百分比(%)	24.08	17.79	19.94	15.69	22.51	0	100
35	面积(hm^2)	0	0	0	159.7	639.14	717.81	1516.66
	百分比(%)	0	0	0	10.53	42.14	47.33	100
5	面积(hm^2)	0	0	0	0	20.74	38.68	59.42
	百分比(%)	0	0	0	0	34.9	65.1	100

四、土壤养分水平

土壤有机质含量影响土壤结构、耕性、阳离子交换量、容重、空隙状况和养分等。从表

6-20 可以看出，有机质含量是逐步降低的。一级地、二级地、三级地肥力水平较高，养分合理。四级地、五级地、六级地的养分均出现不同程度的缺乏，特别是六级地，肥力水平最低。这些都与实际情况完全吻合。

表 6-20　　土壤主要养分水平

耕地地力等级	项目	有机质(g/kg)	有效磷(mg/kg)	速效钾(mg/kg)	有效锌(mg/kg)	有效硼(mg/kg)
一级地	平均含量	21.9	40.2	149	1.51	3.50
	含量水平	中等	中偏下	中偏上	中等	中等
二级地	平均含量	21.4	56.8	144	1.86	3.66
	含量水平	中等	中偏上	中偏上	中偏上	中等
三级地	平均含量	20.8	56.7	132	1.71	3.43
	含量水平	中等	中偏上	中偏上	中偏上	中等
四级地	平均含量	20.0	42.2	112	1.55	3.47
	含量水平	中等	中偏下	中偏下	中等	中等
五级地	平均含量	18.1	47.3	108	1.42	2.70
	含量水平	中偏下	中等	中偏下	中偏下	中偏下
六级地	平均含量	17.1	45.9	94	1.26	2.86
	含量水平	中偏下	中偏下	中偏下	中偏下	中偏下

五、地面坡度和地貌

地形坡度影响水土流失。从表 6-21 可以看出，一级地坡度没有超过 3°的，二级地、三级地有极少部分 5°的，这些等级的耕地大都分布在各种条件相对较好的平原地区。从四级地开始地面坡度增加，由平原向低山丘陵过渡，生产条件也由好转劣。从这个角度看，评价结果与实际是相符的。

表 6-21　　地面坡度面积分布表

地面坡度(°)		一级地	二级地	三级地	四级地	五级地	六级地	合计
0	面积(hm^2)	1.42	7.27	22.01	11.16	0	0	41.86
	百分比(%)	3.39	17.37	52.58	26.66	0	0	100
0.2	面积(hm^2)	1775.02	694.88	15.06	1.39	6.39	0	2492.73
	百分比(%)	71.21	27.88	0.6	0.06	0.26	0	100
0.5	面积(hm^2)	494.79	710.45	313.04	12.21	0.93	0	1531.41
	百分比(%)	32.31	46.39	20.44	0.8	0.06	0	100

续表

地面坡度(°)		一级地	二级地	三级地	四级地	五级地	六级地	合计
1	面积(hm^2)	20.07	412.92	1085.27	229.35	193.7	0.64	1941.95
	百分比(%)	1.03	21.26	55.89	11.81	9.97	0.03	100
3	面积(hm^2)	4.82	133.99	621.91	1004.11	1731.56	570.53	4066.91
	百分比(%)	0.12	3.29	15.29	24.69	42.58	14.03	100
5	面积(hm^2)	0	4.7	0.94	12.03	107.76	85.74	211.16
	百分比(%)	0	2.23	0.45	5.7	51.03	40.6	100
7	面积(hm^2)	0	0	0	0.86	51.95	50.98	103.79
	百分比(%)	0	0	0	0.83	50.05	49.12	100
10	面积(hm^2)	0	0	0	0	1.76	46.85	48.61
	百分比(%)	0	0	0	0	3.62	96.38	100
15	面积(hm^2)	0	0	0	0	0	5.63	5.63
	百分比(%)	0	0	0	0	0	100	100
25	面积(hm^2)	0	0	0	0	0	2.26	2.26
	百分比(%)	0	0	0	0	0	100	100

具体地貌面积分布如表 6-22 所示。

表 6-22 具体地貌面积分布表

地貌类型		一级地	二级地	三级地	四级地	五级地	六级地	合计
微斜平地	面积(hm^2)	2265.36	542.26	44	4.48	0	0	2856.11
	百分比(%)	79.32	18.99	1.54	0.16	0	0	100
浅平洼地	面积(hm^2)	30.76	223.33	17.97	0	0	0	272.05
	百分比(%)	11.31	82.09	6.61	0	0	0	100
丘前倾斜平地	面积(hm^2)	0	731.02	664.79	33.16	29.68	0	1458.66
	百分比(%)	0	50.12	45.58	2.27	2.03	0	100
低丘坡地	面积(hm^2)	0	280.84	829.21	1214.82	1987.81	759.12	5071.8
	百分比(%)	0	5.54	16.35	23.95	39.19	14.97	100
丘间洼地	面积(hm^2)	0	186.75	502.24	18.64	65.14	0	772.78
	百分比(%)	0	24.17	64.99	2.41	8.43	0	100
低山岭坡	面积(hm^2)	0	0	0	0	11.41	3.5	14.91
	百分比(%)	0	0	0	0	76.53	23.47	100

六、耕层质地

大量研究结果证明，土壤质地、有机质含量以及由不同质地的土层组成的土壤剖面构型对土壤的水、肥、气、热影响很大。土壤质地影响着土壤的结构性、耕性、阳离子交换量、容重、空隙状况等，还影响着吸湿水含量和土粒密度，并且与矿物化学组成和原始矿物组成有关，所以，土壤质地与耕地地力等级密切相关。

从图 6-1 可以看出，随着地力等级由一级地到六级地，耕层质地中的中壤所占的比例越来越小，而轻壤所占的比例呈一个增加的趋势。中壤质地的土壤是较好的农业耕作土壤，物理性状良好，水、肥、气、热协调，土质疏松，适耕期长，抗旱、抗涝，是良好的土壤质地，而轻壤质地的土壤质地轻，黏粒少，土壤结构性较差，保肥、保水能力比中壤差。因此从这一点看，地力等级的划分是准确的。

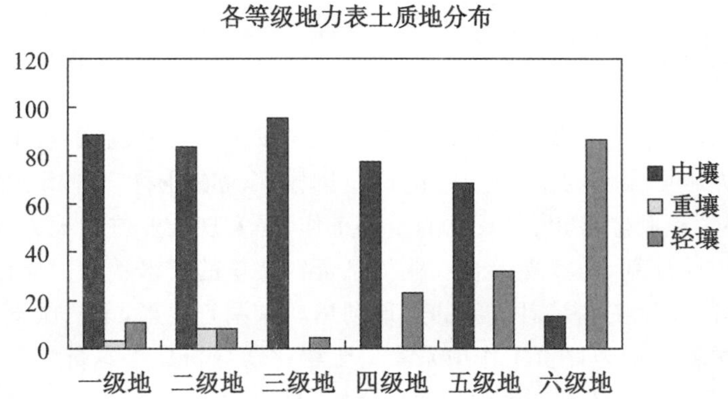

图 6-1　土壤耕层质地分布图

总之，从耕地的环境条件、理化属性、管理水平、产量差异等方面分析可知，耕地地力评价结果与周村区的地力实际情况相符。所以，由技术依托单位山东农业大学资源与环境学院、山东天地亚太国土遥感有限公司对周村区的耕地地力评级基本符合周村区的实际情况，数据真实、可靠。

第七章　耕地资源管理信息系统

第一节　基本情况

一、项目来源及目的意义

淄博市周村区耕地资源管理信息系统数据库建设工作，是农业部沃土工程“科学施用化肥”即测土配方施肥工作的重要组成部分，是国家实现农业科学种田、促进粮食稳定生产和实现农业科学施肥经常化、普及化的重要工作，是实现农业耕地地力评价成果资料统一化、标准化的重要计划，是实现综合农业信息资料共享的技术手段。周村区耕地资源管理信息系统数据库建设工作是对最新的土地利用现状调查成果，第二次土壤普查的土壤、地貌等，以及本次耕地地力评价工作中采集的土壤化学分析成果进行汇总，建立一个集空间数据库和属性数据库的存储、管理、查询、分析、显示为一体的数据库，为科学种田及施肥、农业的可持续发展、深化农业科学管理工作服务。

二、建库单位组成

为加快周村区耕地地力评价及耕地资源管理信息系统数据库建设，依据农业部县域耕地资源管理信息系统数据库建设要求，由多年来一直从事农业测土施肥管理研究、耕地地力评价、数据库建设等有一定经验的单位组成联合工作组。

山东省土壤肥料总站：负责耕地地力评价及建库工作组织、协调、标准制定、土壤图成果资料的归属核查处理等。

山东农业大学资源与环境学院：负责耕地地力评价图、土壤化学微量元素系列图及研究报告编制等。

山东天地亚太国土遥感有限公司：负责土地、土壤、坡度、地貌、灌溉分区等图件扫描矢量化及几何校正处理等编图，耕地地力评价所有建库资料统一化、标准化处理，空间数据库和属性数据库建设，耕地地力评价成果图件修改、编辑及图件输出，数据库建设报告编制等工作。

三、建库工作的软硬件环境

(一)主要硬件

主要硬件包括计算机10台、HP5000绘图仪1台和HP3500绘图仪1台。

(二)主要软件

主要软件包括MAPGIS 6.7软件10套、ARCGIS 9.2软件2套、县域耕地资源管理信息系统软件2套、ENVI 4.5遥感图像处理与分析软件1套。

第二节　建库内容及建库工作中主要问题的处理

一、建库内容

依据农业部耕地地力评价数据库建设的要求,周村区耕地资源管理信息系统数据库包括空间数据库和属性数据库两部分内容。属性数据库依据县域耕地资源管理信息系统数据字典、建库县提供的有关资料、山东省第二次土壤普查土种归属表及土壤分类代码编制。空间数据库包括土地利用现状图、土壤图、坡度图、灌溉分区图、地貌图、耕地地力调查点点位图、耕地地力评价等级图、土壤化学微量元素系列图等。

二、建库工作中的主要问题

周村区耕地资源管理信息系统数据库建设工作由于涉及的内容多,加之部分资料为第二次土壤普查时的资料,与县域耕地资源管理信息系统数据字典的要求对比后发现存在以下问题:

(1)第二次土壤普查的土壤、地貌等成果均为纸介质图,因图纸折叠和自然伸缩的影响,图件变形大,形成较大的误差。

(2)土地利用现状图为2008年以前的现状,近年来交通用地和蔬菜地出现较大变化等。

(3)周村区土壤图中的土种名称与山东省土种归属要求不一致。

(4)周村区的地貌图为微地貌图,与县域耕地资源管理信息系统数据字典中地貌划分的名称不能一一对应。

(5)已有资料坐标系不统一问题,如第二次土壤普查图件为1954年北京坐标系,土地利用现状图或行政区划图为1980年西安坐标系等。

(6)已有成果资料专业内容和地名注释错漏等。

(7)没有统一的土壤分类与代码。

三、建库工作中有关问题的处理

(1)依据1∶50000标准分幅地形图,对所有建库的纸介质成果图全部进行几何校正处理,以消除纸介质成果图的误差。

(2)依据较新的航天卫星资料对近年来变化的公路、铁路等进行修改补充。

(3)为使周村区土种的名称与省归属要求相对应，在耕地资源管理信息系统数据库建设前，首先对土壤图中所有图斑内容进行了检查统计，对错漏注释及边界问题交项目区进行修改补充及编制土种归属表，最后由省土肥站进行土种归属复查处理。为方便县域土壤图的利用和对比，建库后的图中仍保留了原县域土壤图的土种编码，编制了省标、县土壤名称及代码对比表。属性挂接为县域土种代码。

(4)由于县域耕地资源管理信息系统数据字典中划分的地貌名称少，其地貌名称不能一一对应，在建库时尽量选择与数据字典中相近的地貌名称进行编码，为方便地貌图的利用和对比，在地貌图中保留了原地貌图的名称和代码，图例中增加了建库数据字典中规定的地貌名称、代码与县原地貌名称、代码的对比表，属性挂接为数据字典中规定的地貌名称和代码。

(5)对已有资料坐标系不统一问题，依据数据库建设要求，所有成果全部统一到高斯—克吕格投影、6 度分带、1954 年北京坐标系中。

(6)对已有成果资料专业内容和地名注释错漏问题，全部打印成图件和文字交项目区进行全面检查和补充，依据项目区的检查稿逐条进行修改。

(7)对没有统一的土壤分类与代码问题，编制了山东省统一的土类、亚类、土属代码及县域土种代码。

由于 20 世纪 80 年代山东省第二次土壤普查汇总时没有制定全省统一的县域土壤代码，无法满足目前全国开展的耕地地力评价及县域耕地资源管理信息系统建库工作统一化、标准化和科学实施测土施肥的需要，为了满足其建库和科学施肥工作的需要，依据县域耕地资源管理信息系统数据字典中土壤类型代码要求及山东省第二次土壤普查土种归属要求，以满足本次建库工作的需要为基础，编制了山东省第二次土壤普查分类的土类、亚类、土属、土种的代码。其中土类、亚类、土属的代码以山东省第二次土壤普查土种归属表为准，土种代码以每个县级为单元，按土种的顺序编制。

分类原则与方法：本次编码工作以山东省第二次土壤普查土种归属的要求为基础，以科学性、完整性、统一化、标准化、可扩展性等为原则，在山东省第二次土壤普查土种归属分类单元中仅对土类、亚类、土属的 3 个层级进行编码。对于第 4 层级的土种编码，每个县域为独立的单元编码。

代码结构：采用 4 个层级的编码方法对山东省第二次土壤普查县域成果进行编码，其代码结构为土类、亚类、土属、土种。

编码方法：土类代码用第一层两位阿拉伯数字表示，每一个土类用两位阿拉伯数字表示，从“01”开始。亚类代码用第二层两位阿拉伯数字表示，从“01”开始。土属代码用第三层两位阿拉伯数字表示，从“01”开始。土种代码用第四层两位阿拉伯数字表示，按每个县域的土种顺序从“01”开始。

第三节　数据库标准化

一、标准引用

县域耕地资源管理信息系统数据字典中规定的国标及行业有关技术标准：

(1)GB/T 2260—2002　《中华人民共和国行政区划代码》
(2)NY/T 309—1996　《全国耕地类型区、耕地地力等级划分》
(3)NY/T 310—1996　《全国中低产田类型划分与改良技术规范》
(4)GB/T 17296—2000　《中国土壤分类与代码》
(5)全国农业区划委员会　《土地利用现状调查技术规程》
(6)国土资源部　《土地利用现状变更调查技术规程》
(7)GB/T 13989—1992　《国家基本比例尺地形图分幅与编号》
(8)GB/T 13923—1992　《国土基础信息数据分类与代码》
(9) GB/T 17798—1999　《地球空间数据交换格式》
(10)GB 3100—1993　《国际单位制及其应用》
(11)GB/T 16831—1997　《地理点位置的纬度、经度和高程的标准表示方法》
(12)GB/T 10113—2003　《分类与编码通用术语》
(13)GB/T 10114—2003　《县级以下行政区划代码编制规则》
(14)GB/T 9648—1988　《国际单位制代码》
(15)农业部　《全国耕地地力调查与评价技术规程》
(16)农业部　《测土配方施肥技术规范(试行)》(2008 年)
(17)农业部　《测土配方施肥专家咨询系统编制规范(试行)》
(18)山东省县域土种归属标准
(19)山东省县域耕地地力评价标准
(20)山东省第二次土壤普查土种归属及代码等

二、空间坐标系及建库平台

(一)空间数据坐标系

投影：高斯—克吕格，6 度分带。1954 年北京坐标系，1956 年黄海高程系。比例尺：1∶50000。

(二)数据库采集模板和数据库文件格式

为使所有建库资料达到统一化和标准化，以及满足所有成果图件的输出和耕地资源地力评价工作的需要，对建库资料的扫描矢量化和几何校正处理工作均采用 MAPGIS 平台，数据库的文件格式为 MAPGIS 的点、线、面文件。待数据库成果评审验收和修改后，将 MAPGIS 的点、线、面格式转换为 Shape 格式，由 ARCGIS 平台进行数据库规范化处理，最后将数据库资料导入县域耕地资源管理信息系统。

第四节　数据库结构

一、空间数据库图层划分

空间数据库图层划分是严格按照县域耕地资源管理信息系统数据字典的要求分层的，每层只反映属性相同的内容。周村区耕地资源管理信息系统数据库建设包括土地利用现状图、第二次土壤普查成果和耕地地力评价等三部分内容，山东省空间数据库图层划分情况如表 7-1 所示。

表 7-1　耕地资源管理信息系统空间数据库分层表

序号	图层代码	图层名称	序号	图层代码	图层名称
1	AD101	行政区划图	18	SP103	耕层土壤有效磷等值线图
2	AD102	县乡村位置图	19	SP104	耕层土壤速效钾等值线图
3	AD103	行政界线图	20	SP105	耕层土壤缓效钾等值线图
4	AD201	辖区边界图	21	SP106	耕层土壤有效锌等值线图
5	AD202	装饰边界图	22	SP108	耕层土壤有效钼等值线图
6	GE103	面状水系图	23	SP109	耕层土壤有效铜等值线图
7	GE104	线状水系图	24	SP110	耕层土壤有效硅等值线图
8	GE105	道路图	25	SP111	耕层土壤有效锰等值线图
9	GE201	坡度图	26	SP112	耕层土壤有效铁等值线图
10	GE203	地貌类型分区图	27	SP201	耕层土壤 pH 等值线图
11	LM102	灌溉分区图	28	SP113	耕层土壤交换性钙等值线图
12	LU101	土地利用现状图	29	SP114	耕层土壤交换性镁等值线图
13	SB101	土壤图	30		耕层土壤有效硫等值线图
14	SB203	地下水矿化度等值线图	31		耕层土壤水解性氮等值线图
15	SB302	耕地地力调查点点位图	32		耕地地力评价等级图
16	SP101	耕层土壤有机质等值线图	33		耕层土壤有效硼等值线图
17	SP102	耕层土壤全氮等值线图			

注：此表为山东省统一的分层情况，周村区为部分图件。

二、属性数据库结构

属性数据结构内容严格按县域耕地资源管理信息系统数据字典及建库县提供的资料编制。属性数据库结构如表 7-2 所示。

表 7-2 耕地资源管理信息系统属性数据库结构表

图 名	属性数据结构	字段类型
行政区划图	内部标识码:系统内部 ID 号	长整型,9
	实体类型:point,polyline,polygon	文本型,8
	实体面积:系统内部自带	双精度,19,2
	实体长度:系统内部自带	长整型,10
	县内行政码:根据国家统计局“统计上使用的县以下行政区划代码编制规则”编制	长整型,6
县乡村位置图	内部标识码:系统内部 ID 号	长整型,9
	实体类型:point,polyline,polygon	文本型,8
	X 坐标:无,Y 坐标:无	双精度,19,2
	县内行政码:根据国家统计局“统计上使用的县以下行政区划代码编制规则”编制	长整型,6
	标注类型:村标注,乡标注,县标注	字符串,6
行政界线图	内部标识码:系统内部 ID 号	长整型,9
	实体类型:point,polyline,polygon	文本型,8
	实体长度:系统内部自带	长整型,10
	界线类型:根据国家基础信息标准填写	文本型,40
辖区边界图	内部标识码:系统内部 ID 号	长整型,9
	实体类型:point,polyline,polygon	文本型,8
	实体面积:系统内部自带	双精度,19,2
	实体长度:系统内部自带	长整型,10
	要素代码:依据《国家基础地理信息数据分类与代码》编制要素代码	长整型,5
	要素名称:依据《国家基础地理信息数据分类与代码》编制要素名称	文本型,40
	行政单位名称:单位的实际名称填写	文本型,20
装饰边界图	内部标识码:系统内部 ID 号	长整型,9
面状水系图	内部标识码:系统内部 ID 号	长整型,9
	实体类型:point,polyline,polygon	文本型,8
	实体面积:系统内部自带	双精度,19,2
	实体长度:系统内部自带	长整型,10
	要素代码:依据《国家基础地理信息数据分类与代码》编制要素代码	长整型,5
	要素名称:依据《国家基础地理信息数据分类与代码》编制要素名称	文本型,40
	面状水系码:自定义编码	字符串,5
	面状水系名称:依据 2006 年 10 月版山东省地图册编制	字符串,20
	湖泊储水量:依据 1∶50000 地形图	字符串,8
线状水系图	内部标识码:系统内部 ID 号	长整型,9
	实体类型:point,polyline,polygon	文本型,8
	实体长度:系统内部自带	长整型,10
	要素代码:依据《国家基础地理信息数据分类与代码》编制要素代码	长整型,5
	要素名称:依据《国家基础地理信息数据分类与代码》编制要素名称	文本型,40
	线状水系码:自定义编码	长整型,4
	线状水系名称:依据 2006 年 10 月版山东省地图册编制	文本型,20
	河流流量:无	长整型,6

续表

图　名	属性数据结构	字段类型
道路图	内部标识码:系统内部 ID 号	长整型,9
	实体类型:point,polyline,polygon	文本型,8
	实体长度:系统内部自带	长整型,10
	要素代码:依据《国家基础地理信息数据分类与代码》编制要素代码	长整型,5
	要素名称:依据《国家基础地理信息数据分类与代码》编制要素名称	文本型,40
	公路代码:根据国家标准《公路路线命名编号和编码规则命名与编号规则》编制	文本型,11
	公路名称:根据国家标准《公路路线命名编号和编码规则命名与编号规则》编制	文本型 20
地貌类型分区图	内部标识码:系统内部 ID 号	长整型,9
	实体类型:point,polyline,polygon	文本型,8
	实体面积:系统内部自带	双精度,19,2
	实体长度:系统内部自带	长整型,10
	地貌类型:数据引用自"中国科学院生物多样性委员会　地貌类型代码库"(四类码)	文本型,18
灌溉分区图	内部标识码:系统内部 ID 号	长整型,9
	实体类型:point,polyline,polygon	文本型,8
	实体面积:系统内部自带	双精度,19,2
	实体长度:系统内部自带	长整型,10
	灌溉水源:县局提供数据	文本型,10
	灌溉水质:无	文本型,4
	灌溉方法:县局提供数据	文本型,18
	年灌溉次数:县局提供数据	文本型,2
	灌溉条件:无	文本型,4
	灌溉保证率:无	长整型,3
	灌溉模数:无	双精度,5,2
	抗旱能力:无	长整型,3
土地利用现状图	内部标识码:系统内部 ID 号	长整型,9
	实体类型:point,polyline,polygon	文本型,8
	实体面积:系统内部自带	双精度,19,2
	实体长度:系统内部自带	长整型,10
	地类号:国土资源部发布的《全国土地分类》三级类编码	长整型,3
	平差面积:无	双精度,7,2
土壤图	内部标识码:系统内部 ID 号	长整型,9
	实体类型:point,polyline,polygon	文本型,8
	实体面积:系统内部自带	双精度,19,2
	实体长度:系统内部自带	长整型,10
	土壤省标码:土壤类型省及县分类系统编码	长整型,8
地下水矿化度等值线图	内部标识码:系统内部 ID 号	长整型,9
	实体类型:point,polyline,polygon	文本型,8
	实体长度:系统内部自带	长整型,10
	地下水矿化度:依据县级矿化度图实际数据填写	双精度,5,1

续表

图　名	属性数据结构	字段类型
耕地地力调查点点位图	内部标识码:系统内部 ID 号 实体类型:point,polyline,polygon *X* 坐标:北京 54 坐标系 *Y* 坐标:北京 54 坐标系 点县内编号 AP310102:自定义编号	长整型,9 文本型,8 双精度,19,2 双精度,19,2 长整型,8
行政区基本情况数据表	县内行政码 SH110102:根据国家统计局"统计上使用的县以下行政区划代码编制规则"编制 省名称:山东省 县名称:××市,××区,××县 乡名称:××乡,××镇,××街道 村名称:××村,××委员会 行政单位名称:××市,××区,××县,××乡,××镇,××街道,××村,××委员会 总人口:无 农业人口:无 非农业人口:无 国民生产总值 GNP:无	长整型,6 字符串,6 字符串,8 字符串,18 字符串,18 字符串,20 字符串,7 字符串,7 字符串,7 双精度,11,2 字符串,20
县级行政区划代码表	行政单位名称:××市,××区,××县,××乡××镇××街道××村××委员会 县内行政码 SH110102:根据国家统计局"统计上使用的县以下行政区划代码编制规则"编制	长整型,6 长整型,9
土地利用现状地块数据表	内部标识码:系统内部 ID 号 地类号:国土资源部发布的《全国土地分类》三级类编码 地类名称:国土资源部发布的《全国土地分类》三级类名称 计算面积:无 地类面积:无 平差面积:无 报告日期:无	长整型,9 字符串,3 字符串,20 双精度,7,2 双精度,7,2 双精度,7,2 日期型,10
土壤类型代码表	土壤国标码:土壤类型国标分类系统编码 土壤国标名:土壤类型国标分类系统名称	字符串,8 字符串,20
耕地地力调查点基本情况及化验结果数据表	灌溉水源:县提供数据 灌溉方法:县提供数据 调查点国内统一编号:自定义编号 调查点县内编号:自定义编号 调查点自定义编号 AP310103:自定义编号 调查点类型:耕地地力调查点 户主联系电话:区号-本地电话号码 调查人联系电话:区号-本地电话号码 调查人姓名:××× 调查日期:采集当天日期 ≥0℃积温:无	字符串,10 字符串,18 字符串,14 字符串,8 字符串,40 字符串,20 字符串,13 字符串,13 字符串,8 日期型,10 字符串,5

续表

图　名	属性数据结构	字段类型
	≥10℃积温:无	字符串,5
	年降水量:县提供数据	字符串,4
	全年日照时数:无	字符串,4
	光能辐射总量:无	字符串,4
	无霜期:县提供数据	字符串,3
	干燥度 CW210107:无	双精度,4,2
	东经:县提供数据	双精度,9,5
	北纬:县提供数据	双精度,8,5
	坡度:地形坡度海拔:海拔高度	双精度,6,1
	坡向:缺少数据	双精度,4,1
	地形部位:数据引用自 NY/T 309—1996《全国耕地类型区、耕地地力等级划分》和 NY/T 310—1996《全国中低产田类型划分与改良技术规范》	字符串,4
	田面坡度:依据田面实际坡度	字符串,50
	灌溉保证率:无	双精度,4,1
	排涝能力:无	字符串,3
	梯田类型:无	字符串,2
	梯田熟化年限:无	字符串,10
	保护块面积:无	字符串,3
	土壤侵蚀类型:无	双精度,7,2
	土壤侵蚀程度:无明显侵蚀,轻度侵蚀	字符串,8
	污染源企业名称:无	字符串,20
耕地地力调查点基本情况及化验结果数据表	污染源企业地址:无	字符串,50
	液体污染物排放量:无	字符串,50
	粉尘污染物排放量:无	双精度,6,1
	污染面积 LE220105:无	双精度,6,1
	污染物类型:无	双精度,9,2
	污染范围:无	字符串,20
	污染造成的损害:无	字符串,40
	距污染源距离:无	字符串,30
	污染物形态:无	字符串,5
	污染造成的经济损失:无	字符串,4
	省名称:山东省	字符串,9
	县名称:××市,××区,××县	字符串,8
	乡名称:××乡,××镇,××街道	字符串,18
	村名称:××村,××委员会	字符串,18
	户主姓名:×××	字符串,8
	土壤类型代码(国标):根据县提供数据填写	字符串,8
	土类名称(县级):县提供数据	字符串,20
	亚类名称(县级):县提供数据	字符串,20
	土属名称(县级):县提供数据	字符串,20
	土种名称(县级):县提供数据	字符串,20
	剖面构型:土层符号代码表、土层后缀符号代码表、剖面构型数据编码	字符串,10
	表是根据《中国土种志》整理	字符串,8
	质地构型:无	字符串,2
	耕层厚度:县提供数据	字符串,10
	障碍层类型:无	字符串,3

续表

图　名	属性数据结构	字段类型
耕地地力调查点基本情况及化验结果数据表	障碍层出现位置:无	字符串,3
	障碍层厚度:无	字符串,30
	成土母质:数据引用于《土壤调查与制图》(第二版),农业出版社	字符串,6
	质地:中壤土,重壤土,沙壤土	双精度,4,2
	容重:县提供数据	字符串,2
	田间持水量:县提供数据	双精度,4,1
	pH:依据土壤化学分析 pH 耕地地力等级评价成果填写	双精度,4,1
	CEC:依据土壤化学分析 CEC 值耕地地力等级评价成果填写	双精度,5,1
	有机质:依据土壤化学分析有机质值耕地地力等级评价成果填写	双精度,6,3
	全氮:依据土壤化学分析全氮值耕地地力等级评价成果填写	字符串,5
	全磷:依据土壤化学分析全磷值耕地地力等级评价成果填写	双精度,5,1
	有效磷:依据土壤化学分析有效磷值耕地地力等级评价成果填写	字符串,4
	缓效钾:依据土壤化学分析缓效钾值耕地地力等级评价成果填写	字符串,3
	速效钾:依据土壤化学分析速效钾值耕地地力等级评价成果填写	双精度,5,2
	有效锌:依据土壤化学分析有效锌值耕地地力等级评价成果填写	双精度,4,2
	水溶态硼:依据土壤化学分析水溶态硼值耕地地力等级评价成果填写	双精度,6,2
	有效硅:依据土壤化学分析有效硅值耕地地力等级评价成果填写	双精度,4,2
	有效钼:依据土壤化学分析有效钼值耕地地力等级评价成果填写	双精度,5,2
	有效铜:依据土壤化学分析有效铜值耕地地力等级评价成果填写	双精度,5,1
	有效锰:依据土壤化学分析有效锰值耕地地力等级评价成果填写	双精度,6,1
	有效铁:依据土壤化学分析有效铁值耕地地力等级评价成果填写	双精度,6,1
	交换性钙:依据土壤化学分析交换性钙值耕地地力等级评价成果填写	双精度,5,1
	交换性镁:依据土壤化学分析交换性镁值耕地地力等级评价成果填写	双精度,5,1
	有效硫:依据土壤化学分析有效硫值耕地地力等级评价成果填写	双精度,5,1
	盐化类型:无	字符串,20
	1m 土层含盐量:无	双精度,5,1
	耕层土壤含盐量:无	双精度,5,1
	水解性氮:依据土壤化学分析水解性氮值耕地地力等级评价成果填写	双精度,5,3
	旱季地下水位:无	字符串,3
	采样深度:县提供数据	字符串,7
耕层土壤有机质等值线图	内部标识码:系统内部 ID 号	长整型,9
	实体类型:point,polyline,polygon	文本型,10
	实体长度:系统内部自带	长整型,10
	有机质:依据土壤化学分析有机质值耕地地力等级评价成果填写	双精度,5,1
耕层土壤全氮等值线图	内部标识码:系统内部 ID 号	长整型,9
	实体类型:point,polyline,polygon	文本型,10
	实体长度:系统内部自带	长整型,10
	全氮:依据土壤化学分析全氮值耕地地力等级评价成果填写	双精度,4,2

续表

图　名	属性数据结构	字段类型
耕层土壤有效磷等值线图	内部标识码:系统内部 ID 号 实体类型:point,polyline,polygon 实体长度:系统内部自带 有效磷:依据土壤化学分析有效磷值耕地地力等级评价成果填写	长整型,9 文本型,10 长整型,10 双精度,5,1
耕层土壤速效钾等值线图	内部标识码:系统内部 ID 号 实体类型:point,polyline,polygon 实体长度:系统内部自带 速效钾:依据土壤化学分析速效钾值耕地地力等级评价成果填写	长整型,9 文本型,10 长整型,10 长整型,3
耕层土壤缓效钾等值线图	内部标识码:系统内部 ID 号 实体类型:point,polyline,polygon 实体长度:系统内部自带 缓效钾:依据土壤化学分析缓效钾值耕地地力等级评价成果填写	长整型,9 文本型,10 长整型,10 长整型,4
耕层土壤有效锌等值线图	内部标识码:系统内部 ID 号 实体类型:point,polyline,polygon 实体长度:系统内部自带 有效锌:依据土壤化学分析有效锌值耕地地力等级评价成果填写	长整型,9 文本型,10 长整型,10 双精度,5,2
耕层土壤有效钼等值线图	内部标识码:系统内部 ID 号 实体类型:point,polyline,polygon 实体长度:系统内部自带 有效钼:依据土壤化学分析有效钼值耕地地力等级评价成果填写	长整型,9 文本型,10 长整型,10 双精度,4,2
耕层土壤有效铜等值线图	内部标识码:系统内部 ID 号 实体类型:point,polyline,polygon 实体长度:系统内部自带 有效铜:依据土壤化学分析有效铜值耕地地力等级评价成果填写	长整型,9 文本型,10 长整型,10 双精度,5,2
耕层土壤有效硅等值线图	内部标识码:系统内部 ID 号 实体类型:point,polyline,polygon 实体长度:系统内部自带 有效硅:依据土壤化学分析有效硅值耕地地力等级评价成果填写	长整型,9 文本型,10 长整型,10 双精度,6,2
耕层土壤有效锰等值线图	内部标识码:系统内部 ID 号 实体类型:point,polyline,polygon 实体长度:系统内部自带 有效锰:依据土壤化学分析有效锰值耕地地力等级评价成果填写	长整型,9 文本型,10 长整型,10 双精度,5,1
耕层土壤有效铁等值线图	内部标识码:系统内部 ID 号 实体类型:point,polyline,polygon 实体长度:系统内部自带 有效铁:依据土壤化学分析有效铁值耕地地力等级评价成果填写	长整型,9 文本型,10 长整型,10 双精度,5,1

续表

图　名	属性数据结构	字段类型
耕层土壤pH等值线图	内部标识码:系统内部ID号 实体类型:point,polyline,polygon 实体长度:系统内部自带 pH:依据土壤化学分析pH耕地地力等级评价成果填写	长整型,9 文本型,10 长整型,10 双精度,4,1
耕层土壤交换性钙等值线图	内部标识码:系统内部ID号 实体类型:point,polyline,polygon 实体长度:系统内部自带 交换性钙:依据土壤化学分析交换性钙值耕地地力等级评价成果填写	长整型,9 文本型,10 长整型,10 双精度,6,1
耕层土壤交换性镁等值线图	内部标识码:系统内部ID号 实体类型:point,polyline,polygon 实体长度:系统内部自带 交换性镁:依据土壤化学分析交换性镁值耕地地力等级评价成果填写	长整型,9 文本型,10 长整型,10 双精度,5,1
耕层土壤有效硫等值线图	内部标识码:系统内部ID号 实体类型:point,polyline,polygon 实体长度:系统内部自带 有效硫:依据土壤化学分析有效硫值耕地地力等级评价成果填写	长整型,9 文本型,10 长整型,10 双精度,5,1
耕层土壤水解性氮等值线图	内部标识码:系统内部ID号 实体类型:point,polyline,polygon 实体长度:系统内部自带 水解性氮:依据土壤化学分析水解性氮值耕地地力等级评价成果填写	长整型,9 文本型,10 长整型,10 双精度,5,3
耕地地力评价等级图	内部标识码:系统内部ID号 实体类型:point,polyline,polygon 实体面积:系统内部自带 等级(县内):'120'	长整型,9 文本型,10 双精度,19,2 文本型,2
耕层土壤有效硼等值线图	内部标识码:系统内部ID号 实体类型:point,polyline,polygon 实体长度:系统内部自带 有效硼:依据土壤化学分析有效硼值耕地地力等级评价成果填写	长整型,9 文本型,10 长整型,10 双精度,4,2
土壤全盐含量分布图	内部标识码:系统内部ID号 实体类型:point,polyline,polygon 实体长度:系统内部自带 全盐:依据土壤化学分析全盐值耕地地力等级评价成果填写	长整型,9 文本型,10 长整型,10 双精度,4,1
耕层土壤有效镁等值线图	内部标识码:系统内部ID号 实体类型:point,polyline,polygon 实体长度:系统内部自带 有效镁:依据土壤化学分析有效镁值耕地地力等级评价成果填写	长整型,9 文本型,10 长整型,10 长整型,2
耕层土壤有效钙等值线图	内部标识码:系统内部ID号 实体类型:point,polyline,polygon 实体长度:系统内部自带 有效钙:依据土壤化学分析有效钙值耕地地力等级评价成果填写	长整型,9 文本型,10 长整型,10 长整型,2

第五节 建库工作方法

一、数据库质量控制

数据库质量涉及三方面的工作：一要满足耕地地力评价工作的需要，二要满足耕地资源管理信息系统数据库建设的需要，三要满足建库所有成果图件输出的需要。为满足以上要求，在数据库建设工作开展前，首先在有关国标、部标和行业标准的基础上，制定了统一的工作平台、工作方法和流程，成果图件图名、图例和色彩编制要求，成果质量检查工作方法。对于耕地地力评价基础性图件，首先在建库单位初步检查后，交项目区进行全面检查和修改、补充错漏内容，返回建库单位对所有成果图件安排专人进行全面检查和修改，从而保证了数据库的成果质量。

二、建库工作有关规定

为保证建库工作的按时及保质完成，成立了建库项目组等。

建库项目组：设立技术负责一人，全面负责建库工作有关规程的学习、日常建库工作安排、工作进度、质量检查、建库数据库资料汇总、MAPGIS 格式建库成果经 ARCGIS 规范化处理、导入县域耕地资源管理信息系统等工作。

质量检查组：安排具有工作经验的人员成立检查组，负责所有建库资料的质量检查及修改工作。

制定建库工作标准：在建库工作前，首先对建库图形子图的大小、线的粗细及线型、面的色彩搭配、图件分层统一标准，把工作方法和流程下发到每一个建库工作人员手中，统一了建库图形扫描矢量化的技术要求。

最终成果检查：所有成果图待评审验收后，依据专家意见，由建库组和耕地地力评价组依据专家和甲方意见进行成果图和数据库修改补充，最后输出成果图件和导入县域耕地资源管理信息系统。

三、建库资料精度及建库工作流程

（一）建库资料精度

为保证建库资料的数学精度，首先形成大于周村区范围的 1∶50000 标准图幅理论图框，拼接形成县域的 1∶50000 理论图框。以 1∶50000 标准分幅地形图为基础，在地形图和县域土地利用现状图上选择同名地物点（主要为农村道路交叉点等）为几何校正点。为保证县域图件的精度，周村区选择不少于 30 个几何校正点，每一个几何校正点选择地形图附近的 4 个公里网交叉点，将其校正到县域的理论图框上，形成满足 1∶50000 精度要求的县域地理底图。以该图为基础，将所有建库成果图件校正到县域地理底图上。

（二）建库工作流程

第一步：按照建库工作的基本要求，对土地利用现状、土壤、灌溉分区、地貌、采样点位等图件进行扫描矢量化和几何校正处理、建库组错漏自查和交甲方进行错漏检查、返回建库组修改及编辑、拓扑检查、属性挂接处理等。

第二步：将所得成果交耕地地力评价组进行耕地地力评价工作。

第三步：耕地地力评价组将其评价成果资料再返回建库组，由建库组按照县域耕地资源管理信息系统数据库建设要求，对所有建库成果资料进行全面的质量检查及编辑处理、拓扑处理、属性挂接，最后由 MAPGIS—ARCGIS—县域耕地资源管理信息系统输出成果图件。

（三）主要空间数据库说明

行政区划图（地理底图）：以土地利用现状图为背景，分别提取乡镇、村庄、主要工矿企业建设用地和主要道路、河流、境界、行政区划等内容。参考地图或 1∶50000 地形图，对主要道路、双线河流等地物进行连接并加注地物注记。依据卫星影像等资料，对近年来增加的主要道路进行更新。

土壤图：依据土壤调查研究报告、土壤志、山东省土壤分类归属标准，编制土种归属对比表和省标与县级对比表图例。在土壤图上保留土壤图原始代码，属性挂接为新编的县域土种代码，以满足各级政府工作的需要。

地貌图：由于地貌图为微地貌图，为满足各级政府使用及建库工作的需要，在地貌图中保留了原地貌代码，其属性尽量对应到数据字典中的名称及代码，在图例中增加了对比表，以满足各项工作的需要。

（四）属性库编制方法

严格按照建库数据字典中的要求及建库单位提供的资料编制各种成果图属性代码。

第六节　建库成果

周村区耕地资源管理信息系统数据库建设成果包括农业部规定格式的数据库和 MAPGIS 格式的成果图，成果图共计 24 幅（见表 7-3）。

表 7-3　　周村区耕地资源管理信息系统数据库建设成果表

序号	成果图名称	备注
1	周村区土壤图	
2	周村区土地利用现状图	
3	周村区灌溉分区图	
4	周村区地貌图	
5	周村区坡度图	
6	周村区耕地地力调查点点位图	
7	周村区耕地地力评价等级图	
8	周村区土壤 pH 分布图	
9	周村区土壤有机质含量分布图	

续表

序号	成果图名称	备注
10	周村区土壤全氮含量分布图	
11	周村区土壤碱解氮含量分布图	
12	周村区土壤有效磷含量分布图	
13	周村区土壤缓效钾含量分布图	
14	周村区土壤速效钾含量分布图	
15	周村区土壤有效硫含量分布图	
16	周村区土壤交换性钙含量分布图	
17	周村区土壤交换性镁含量分布图	
18	周村区土壤有效硅含量分布图	
19	周村区土壤有效铜含量分布图	
20	周村区土壤有效锌含量分布图	
21	周村区土壤有效铁含量分布图	
22	周村区土壤有效锰含量分布图	
23	周村区土壤有效硼含量分布图	
24	周村区土壤有效钼含量分布图	

周村区耕地资源管理信息系统数据库建设包括空间数据库和属性数据库两部分内容。空间数据库全部是按照县域耕地资源管理信息系统数据字典要求进行的。属性数据库由于部分资料难以收集到(如土地平差面积等),属性数据仅按照县域耕地资源管理信息系统数据字典要求编制了部分内容。另外,如耕地地力评价土壤采样点位图利用 GPS 坐标展绘到地理底图上的点与实际点位误差较大,达不到精度要求,所以,耕地地力评价土壤调查采样点位图依据野外采样点位图经扫描矢量化后形成,属性挂接为 GPS 定点的坐标。

专题报告一　周村区耕地改良利用分区

耕地是农业生产活动中最重要的资料之一，是农业生产和可持续发展的重要基础。耕地维持着作物生产力，影响着环境的质量和动物、植物甚至人类的健康。自 1980 年第二次土壤普查以来，随着农村经营体制、耕作制度、作物品种、种植结构、产量水平和肥料施用等方面的显著变化，耕地利用状况也发生了明显改变。近年来，虽然对部分耕地实施了地力监测，但至今对区域中低产耕地状况及其障碍因素等缺乏系统性、实用性的调查分析，使耕地利用与改良难以适应新形势下农业生产发展的要求。因此，开展区域耕地地力调查评价，摸清区域中低产耕地状况及其障碍因素，有的放矢地开展中低产耕地的科学改良利用，挖掘区域耕地的生产潜力，对于周村区耕地资源的可持续利用具有十分重要的意义。

一、耕地基本情况

据 2010 年周村区统计年鉴，周村区总耕地面积为 10446.3hm^2。土地共有 2 个土类、4 个亚类、8 个土属、18 个土种。褐土主要分布在南部低丘和中部微斜平地，是主要土类，面积为 9663.71hm^2，占总耕地面积的 92.5%；砂姜黑土主要分布在北郊、城北路等的浅平洼地，面积为 782.59hm^2，占总耕地面积的 7.5%。地貌类型分为低山丘陵和平原，低山丘陵约占 40%、平原约占 60%。经过本次耕地地力评价，耕地共分为 6 个级别，其中一级地和二级地占总耕地面积的 40.78%，三级地和四级地占总耕地面积的 31.78%，五级地和六级地占总耕地面积的 27.35%。一级地分布面积最大，占总耕地面积的 21.98%。六级地分布面积最小，约占总耕地面积的 7.30%。耕地的主要障碍因素为土体构造和土壤养分障碍，其中土体构造障碍需要改良的面积为 1460.28hm^2，占总耕地面积的 13.98%。土壤养分障碍需要改良的主要有：缺乏钾素的耕地面积为 2977.27hm^2，占总耕地面积的 28.51%；缺乏磷素的耕地面积为 61.37hm^2，占总耕地面积的 0.59%；缺乏有机质的耕地面积为 28.18hm^2，占总耕地面积的 0.28%；缺乏锌素的耕地面积为 14.86hm^2，占总耕地面积的 0.15%。缺乏单一养分的耕地面积为 2925.91hm^2，占总耕地面积的 28%；同时缺乏两种养分的耕地面积为 65.1hm^2，占总耕地面积的 0.63%；同时缺乏三种养分的耕地面积为 5.03hm^2，占总耕地面积的 0.05%；同时缺乏四种养分的耕地面积为 2.62hm^2，占总耕地面积的 0.03%。

二、耕地改良利用分区原则与分区系统

(一)耕地改良利用分区原则

耕地改良利用分区的基本原则是:从耕地自然条件出发,主导性、综合性、实用性和可操作性相结合,按照因地制宜、因土适用合理利用和配置耕地资源,充分发挥各类耕地的生产潜力,坚持“用地与养地相结合,近期与长远相结合”的原则,以土壤组合类型、肥力水平、改良方向和主要改良措施的一致性为主要依据,同时考虑地貌、气候、水文和生态等条件以及植被类型,参照历史与现状等因素综合考虑进行分区。

(二)耕地改良利用分区系统

根据耕地改良利用原则,将影响耕地利用的各类限制因素归纳为耕地自然环境要素、耕地土壤养分要素和耕地土壤物理要素,将周村区耕地改良利用划分为 3 个改良利用类型区,即耕地自然环境条件改良利用区、耕地土壤培肥改良利用区、耕地土体整治改良利用区,并分别用大写字母 E、N 和 P 表示。各改良利用类型区内再根据相应的限制性主导因子,续分为相应的具体改良利用亚类。

三、耕地改良利用分区方法

(一)耕地改良利用分区因子的确定

耕地改良利用分区因子是指参与评定改良利用分区类型的耕地诸属性。由于影响的因素很多,根据耕地地力评价,遵循主要因素原则、差异性原则、稳定性原则、敏感性原则,进行限制性主导因素的选取。考虑与耕地地力评价中评价因素的一致性,并考虑各土壤养分的丰缺状况及其相关要素的变异情况,选取耕地土壤有机质含量、耕地土壤有效磷含量、耕地土壤速效钾含量、耕地土壤有效锌含量和耕地土壤有效硼含量因素作为耕地土壤养分状况的限制性主导因子;选取灌溉保证率、坡度和有效土层厚度作为耕地自然环境状况的限制性主导因子;选取耕层质地条件和土体构型作为耕地土壤物理状况的限制性主导因子。

(二)耕地改良利用分区标准

依据农业部《全国中低产田类型划分与改良技术规范》,根据山东省各区县耕地地力评价资料,综合分析目前全省各耕地改良利用因素的现状水平,同时针对影响周村区耕地利用水平的主要因素,邀请具有土壤管理经验的相关专家进行分析,制定了耕地改良利用各主导因子的分区及其耕地改良利用类型的确定标准,具体分级标准如专表 1-1 所示。

专表 1-1　　耕地改良利用主导因子分区标准

耕地改良利用区划	限制因子	代号	分区标准
耕地土壤培肥改良利用区(N)	有机质(o,g/kg)	No	<12
	有效磷(p,mg/kg)	Np	<15
	速效钾(k,mg/kg)	Nk	<100
	有效锌(zn,mg/kg)	Nzn	<0.5
	有效硼(b,mg/kg)	Nb	<0.5
耕地自然环境条件改良利用区(E)	灌溉保证(i,%)	Ei	灌溉保障率低于 50%
	坡度(s,度)	Es	>10°
	有效土层(d,cm)	Ed	<60cm
耕地土体整治改良利用区(P)	耕层质地(t)	Pt	砂土、沙壤、粗骨土
	土体构型(c)	Pc	土体中有障碍层次

(三)耕地改良利用分区方法

在 GIS 支持下，利用耕地地力评价单元图，根据耕地改良利用各主导因子分区标准在其相应的属性库中进行检索分析，确定各单元相应的耕地改良利用类型，通过图面编辑生成耕地改良利用分区图，并统计各类型面积比例。

四、耕地改良利用分区专题图

(一)耕地土壤培肥改良利用分区图

根据耕地土壤养分限制因素分区标准，把周村区耕地有机质分为两类，即有机质改良利用区和有机质非改良利用区，有机质改良利用区用代号 No 标注。同样，有效磷改良利用区用代号 Np 标注，速效钾改良利用区用代号 Nk 标注，有效锌改良利用区用代号 Nzn 标注，有效硼改良利用区用代号 Nb 标注(见专图 1-1)。

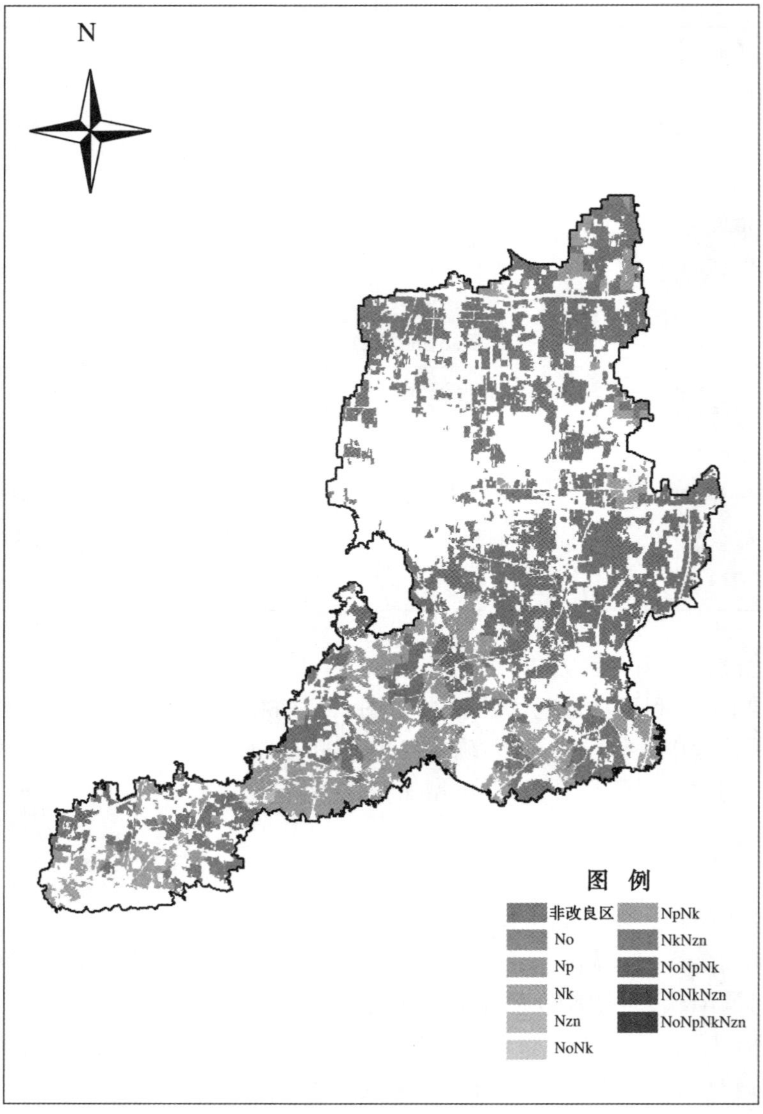

专图 1-1　耕地土壤培肥改良利用分区图

(二)耕地自然环境条件改良利用分区图

根据耕地自然环境条件限制因素分区标准进行周村区耕地改良利用分区。灌溉保证条件分为灌溉保证条件改良利用区和灌溉保证条件非改良利用区，改良利用区用代号 Ei 标注；坡度条件分为坡度条件改良利用区和坡度条件非改良利用区，坡度条件改良利用区用代号 Es 标注；有效土层厚度分为有效土层改良利用区和有效土层非改良利用区，有效土层改良利用区用代号 Ed 标注(见专图 1-2)。

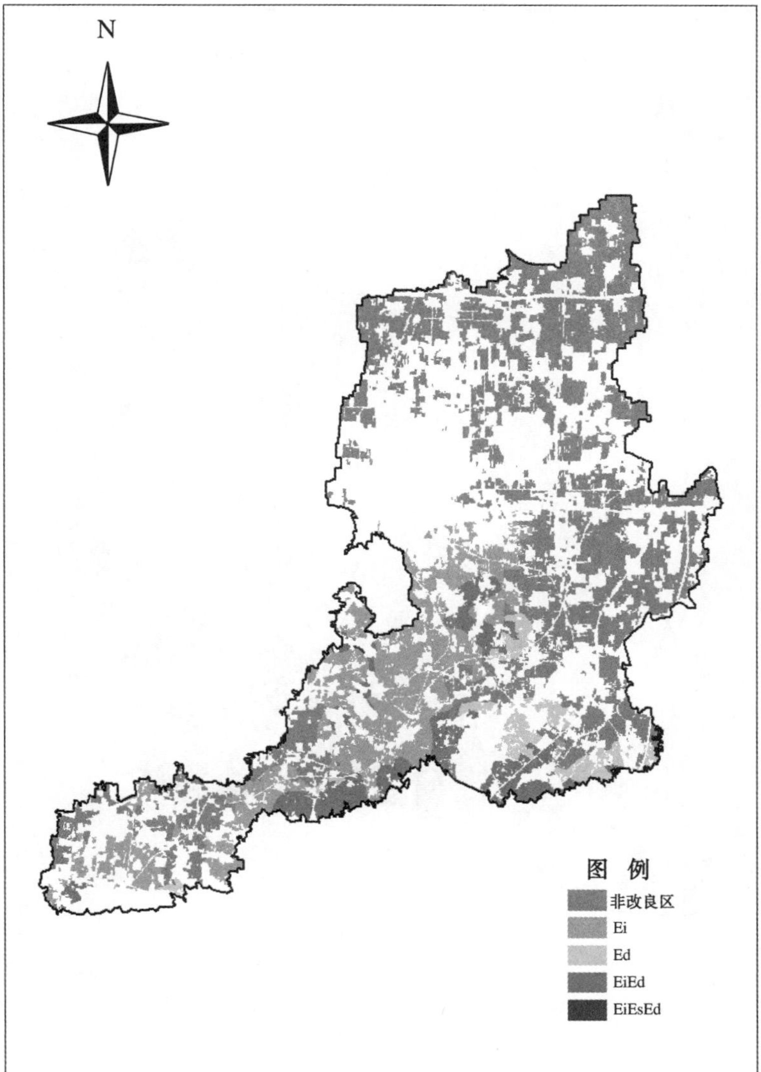

专图 1-2　耕地自然环境条件改良利用分区图

(三)耕地土体整治改良利用分区图

根据耕地土地条件限制因素分区标准,耕地耕层质地条件改良利用区用代号 Pt 标注,耕地土体构型改良利用区用代号 Pc 标注。在 GIS 下检索生成耕地土体整治改良利用分区图(见专图 1-3)。

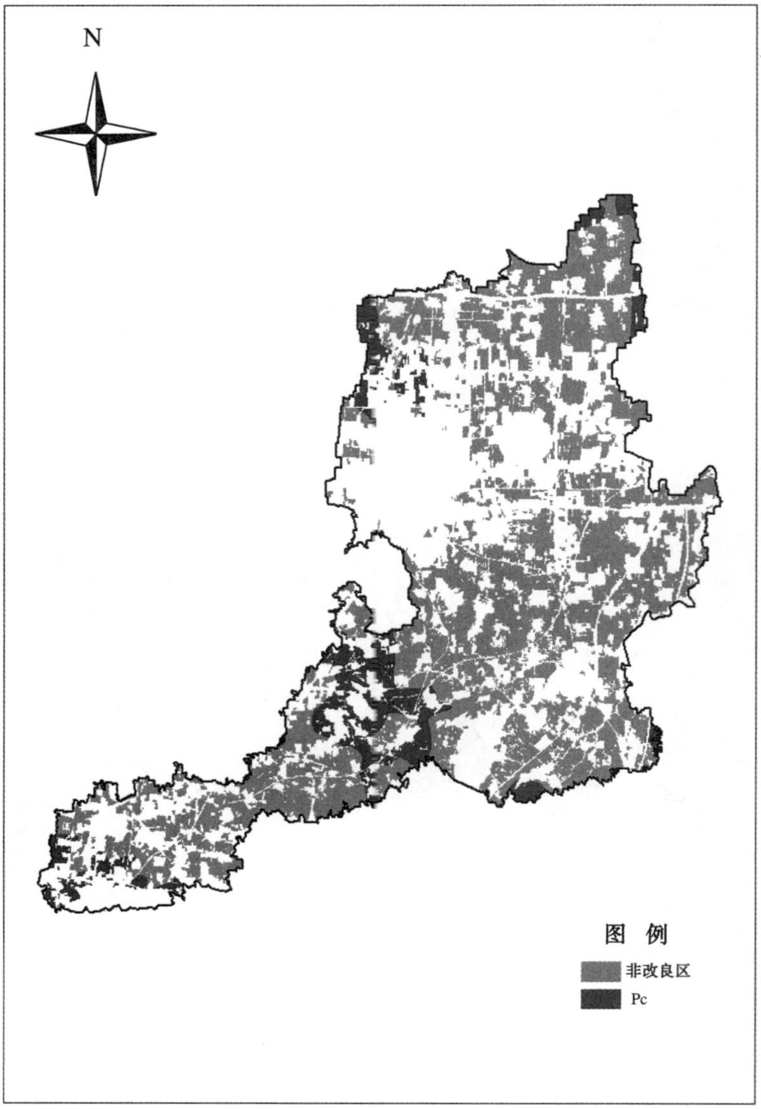

专图 1-3 耕地土体整治改良利用专题图

五、耕地改良利用分区结果分析

(一)耕地土壤培肥改良利用分区面积统计及问题分析

周村区耕地土壤培肥改良利用区各改良利用类型面积及其比例如专表 1-2 所示。

专表 1-2 周村区耕地土壤培肥改良利用分区面积统计表

改良利用分区	No	Np	Nk	Nzn	NoNk
面积(hm^2)	7.36	8.78	2904.52	5.25	13.17
百分比(%)	0.07	0.08	27.8	0.05	0.13

续表

改良利用分区	No	Np	Nk	Nzn	NoNk
NpNk	NkNzn	NoNpNk	NoNkNzn	NoNpNkNzn	非改良区
45.86	6.07	4.11	0.92	2.62	7447.63
0.44	0.06	0.04	0.01	0.03	71.29

由专图1-1和专表1-2可以看出，周村区土壤主要养分状况总体较好，非改良耕地面积为7447.63hm²，占总耕地面积的71.29%。其中缺乏钾素的耕地面积为2977.27hm²，占总耕地面积的28.51%；缺乏磷素的耕地面积为61.37hm²，占总耕地面积的0.59%；缺乏有机质的耕地面积为28.18hm²，占总耕地面积的0.28%；缺乏锌素的耕地面积为14.86hm²，占总耕地面积的0.15%。缺乏单一养分的耕地面积为2925.91hm²，占总耕地面积的28%；同时缺乏两种养分的耕地面积为65.1hm²，占总耕地面积的0.63%；同时缺乏三种养分的耕地面积为5.03hm²，占总耕地面积的0.05%；同时缺乏四种养分的耕地面积为2.62hm²，占总耕地面积的0.03%。全区硼素含量较高，不需培肥改良。还可以看出，周村区土壤养分的特点是耕地中单一养分缺乏普遍，主要是速效钾在不同地区有不同程度的缺乏。

从各类型面积比例看，周村区耕地土壤培肥改良的主要方向为增施钾肥和微肥，同时注重有机肥料的施用，逐步提高土壤有机质和钾素含量。

（二）耕地自然环境条件改良利用分区面积统计及问题分析

周村区耕地自然环境条件改良利用区各改良利用类型面积及其比例如专表1-3所示。

专表1-3　周村区耕地自然环境条件改良利用分区面积统计表

改良利用分区	Ei	Ed	EiEd	EiEsEd	非改良区
面积(hm²)	2499.23	526	1042.2	7.88	6370.99
百分比(%)	23.92	5.04	9.98	0.07	60.99

由专图1-2和专表1-3可以看出，周村区耕地自然环境条件相对较好，在对周村区耕地自然环境条件分析的基础上，得出有60.99%的耕地面积不需改良，需要改良的耕地主要分布在中西部区域。其中灌溉保证水平需要改良的耕地面积为3549.31hm²，占总耕地面积的33.97%；有效土层厚度需要改良的耕地面积为1576.08hm²，占总耕地面积的15.09%；坡度条件需要改良的耕地面积为7.88hm²，占总耕地面积的0.07%。单一自然条件需要改良的耕地面积为3025.23hm²，占总耕地面积的28.96%；两种自然条件需要改良的耕地面积为1042.2hm²，占总耕地面积的9.98%；三种自然条件需要改良的耕地面积为7.88hm²，仅占总耕地面积的0.07%。

可见，周村区耕地自然环境条件改良利用的主要方向为改良耕地灌溉条件、提高灌溉保证率，其次为增加有效土层厚度、防止水土流失、保护耕层土壤。

（三）耕地土体整治改良利用分区面积统计及问题分析

周村区耕地土体整治改良利用区各改良利用类型面积及其比例如专表1-4所示。

专表1-4　　周村区耕地土体整治改良利用分区面积统计表

改良利用分区	Pc	非改良区
面积(hm^2)	1460.28	8986.02
百分比(%)	13.98	86.02

由专图1-3和专表1-4可以看出，周村区耕地土体结构整体较好，耕层质地均较好，不需改良的耕地面积为8986.02hm^2，占总耕地面积的86.02%。需要改良的面积为1460.28hm^2，仅占总耕地面积的13.98%，较分散地分布在周村区北部、中西部和西南部地区。耕层中含有浅黏、砾质等障碍性层次。土体构型较差的耕地面积为1460.28hm^2，占总耕地面积的13.98%。

总之，周村区应主要采取深耕等措施来改善不良的土体结构，这将是耕地土体整治改良的主要方向。

六、耕地改良利用对策及措施

（一）增加经济投入，加大耕地保护力度

农业是既要承担自然风险又要承担市场风险的弱质产业，保护农业是国民经济发展中面临的重大问题。由于调控体制不健全，受比较利益驱使，各层次资金投入重点向非农业倾斜，资金投入不足已成为农业生产发展的主要制约因素。周村区是一个农业小区，农业在国民经济中仅占3.6%，在目前农民收入相对较低、农业比较效益较低的情况下，农户不愿意、也很难在中低产田改造这样中长期的投资上投入更多的资金。在这种形势下，财政能否增加对农业的投资就显得尤为重要。要达到农业增产的目的，就要增加耕地投入，加强中低产田改造，不断提高耕地的质量，从而提高耕地利用的经济效益。周村区宜进一步加强对耕地改良利用的投入，通过对耕地的改良逐步消除制约耕地生产力的限制因素，培肥地力，改善农业生产条件和农田生态环境。鼓励农民开展土壤改良，推广测土配方施肥和保护性耕作，提高耕地质量，大幅度增加高产稳产农田的比重。

（二）用养结合，增施有机肥料，培肥地力

长期以来，周村区在耕地开发利用上"重利用、轻培肥，重化肥、轻有机肥"，虽然全区化肥的施用量逐年增加，但有机肥投入量却逐年减少，且投入的化肥以氮肥、磷肥为主，引起土壤养分特别是速效钾和微量元素含量的下降和矿质养分的失衡，导致耕地肥力下降。全区存在速效钾含量偏低和个别微量元素特别是有效硫含量偏低等限制性因素。因此，周村区要持续提高中低产耕地的基础地力，为农作物生长创造高产基础，必须将用土与养土妥善结合起来，广辟有机肥源，重视有机肥的施用，提倡施用有机—无机复混肥和通过秸秆还田增加土壤有机质，提高土壤肥力。

（三）加强水利建设，改善灌溉条件，注重农田基本设施建设

水是作物生长的必要条件，灌排条件与耕地的基础地力有着密切的关系。因而可以

通过采取以下措施，实现自然降水的空间聚集，改善区域农田的土壤水分状况，推广节水灌溉技术，改善和扩大灌溉面积。

(1)健全灌溉工程，改善灌区输水、配水设备，加强灌溉作业管理，改进地面灌溉技术，采用增产、增值的节水灌溉方法和灌溉技术。加强水利建设，修筑田埂，防止水土冲刷，安排好水利规划，修好水渠，制止渗漏，加强管理，提高引灌水的利用率。

(2)人工富集天然降水，建造大、中、小型蓄水池、塘等蓄水体系，将集纳雨水、拦截径流和蓄水有效结合起来，在作物需水的关键时期进行灌溉，解决作物的需求和降水错位的矛盾，以充分发挥水分的增产效果。因地制宜，打旱池，截潜流，兴建二级或三级扬水站，发展喷灌。

(3)改善土壤结构，增加土壤的蓄水能力，通过对土壤增施有机物料(如施用有机肥、秸秆还田等)和应用土壤改良剂，改良土壤结构，增强土壤结构的稳定性，提高土壤对降水的入渗速率和持水量。

(四)采用农业措施改良土壤质地、改善土体结构

周村区耕地土壤限制性因素主要为土层薄、水土流失严重，要从调整土地利用结构和建设基本农田起步，改广种薄收为集约经营，改单一经营为农、林、牧、副全面发展，因地制宜，全面规划，综合治理，连续治理，实行生物措施与工程措施相结合、坡地治理与沟道治理相结合、田间工程和蓄水保土耕作相结合。在不宜种粮的褐土性土上，因地制宜地大力发展果药土特产，在土层较厚的地方，可以发展核桃、山楂、柿子、葡萄等干鲜果，地表间混田菁、草木樨等绿肥护坡养地，提供饲料，利用鲜草树叶，先肥畜，兼肥田，发展畜牧业，以尽快提高经济效益。在交通不便的山区选种板栗、银杏等。在土层薄、水土流失严重的地方，整修水平梯田，减轻径流，土堰周围种植红小豆、豇豆、豆角、南瓜或绿肥等护地固土。要从优化农业生态环境的角度着眼，遵循农业生态环境的规律，着力提高农业生态承载能力，积极稳妥地推进中低产田改造。要与生态防护林工程体系建设密切结合，通过加大生态林建设力度、完善丘陵山区的水土保持林体系和平原地区的农田防护林网，营造适宜的田间小气候，减少干热风等的不利影响，减轻水土流失，提高土壤的蓄墒能力。

(五)集约化利用耕地资源，发展生态型可持续农业，改善生态环境

耕地生态环境质量的高低是保证农作物持续稳产、高产、优产、高效的重要前提。根据周村区资源优势以及生态环境的特点，因地制宜地利用耕地资源，通过合理轮作、科学间套种等措施，提高复种指数，努力提高耕地资源的利用率；注重多物种、多层次、多时序、多级质能、多种产业的有机结合，农、林、牧、副、渔并举，建立生态型可持续农业系统，达到经济、生态和社会效益的高度统一。此外，应重新审视耕地承包到户政策所导致的耕地经营权分散在新形势下出现的不利于耕地资源规模集约经营的缺点，努力探讨建立“公司＋农户”或各种专业化合作组织等耕地规模集约经营模式，提高全区耕地资源的集约经营和经济效益。推动家庭经营向采用先进科技和生产手段的方向转变，推动统一经营向农户联合与合作发展，形成多元化、多层次、多形式经营服务体系的方向转变。

(六)采用适宜的耕作措施改良土壤

加厚活土层是改良土壤，增加土壤库容，促进养分释放，协调水、肥、气、热状况，熟化土壤，提高土壤肥力的重要措施。

目前,周村区大部分地块已连续多年采用旋耕技术,耕层厚度仅为15～18cm,不利于水肥利用率的提高。深耕不仅能够加厚土壤耕作层,扩展根系的生长空间,改善土壤结构,协调土壤蓄水、保水、保肥、保温和透气的矛盾,而且有利于土壤微生物的活动、根系的下扎和鳞茎的膨大,并使土壤释放出更多的矿质元素,满足作物的需求。同时,深耕还可以掩埋病菌和杂草种子,起到减轻病害、抑制杂草的效果。

科学的耕作技术是旋耕(或深松)与深耕相结合,旋耕2～3年深耕一次,以保持熟土在上、生土在下,保证当年增产。耕翻深度一般为20～25cm。

(七)科学化施肥,提高肥效利用率,改善土壤环境

化肥施用量大,导致土壤养分盈余,一方面造成土壤全盐量上升,另一方面导致成本增加,并可能造成土壤环境污染。在施肥过程中,应合理施用化肥,增施有机肥,扩大秸秆还田面积,通过技术手段提高化肥利用率。在土壤养分分区的基础之上,进行科学配方施肥,因地制宜地增施缺乏性养分,协调好养分之间的比例关系。利用中低产耕地调查评价成果,加大技术指导力度,改良中低产田,实现中低产耕地资源的永续利用。

专题报告二　周村区耕地资源配置和种植业布局区划

耕地是农用土地中产出效果最大的一种土壤，其地力直接决定着土壤产出的效益。如何利用耕地地力评价成果，合理配置耕地资源，搞好种植业布局区划，促进农业增产、农民增收、农村稳定，是本主题报告研究探讨的主要内容。

一、耕地利用现状和存在问题

（一）耕地利用现状

周村区地处泰鲁山系北部冲积扇边缘，地理坐标为东经 117°41′～117°58′、北纬 36°39′～36°54′。东邻张店，南连淄川，西靠章丘，北部与邹平、桓台接壤。南北长 27.3km，东西宽 25.3km，总面积为 262.99km^2。全区地势由西南向东北倾斜。胶济铁路以南属丘陵区，以北为平原，属于鲁中山区与华北平原的过渡地带。最高海拔为 351.8m，最低海拔为 24.2m。主要过境河流有孝妇河、范阳河、泔沟河等。

全周村区土壤分 2 个土类、4 个亚类、8 个土属、18 个土种。由于成土母质差异，土壤自然肥力、耕性也存在明显差异，造成适种作物具有多样性。

据 2010 年周村区统计年鉴，周村区耕地面积为 10446.3hm^2，农作物总播种面积为 19402.8hm^2。其中，粮食作物播种面积为 18177.3hm^2，平均单产为 5415kg/hm^2，粮食总产量为 98401t；油料作物播种面积为 193.7hm^2，平均单产为 2625kg/hm^2，总产量为 507t；棉花播种面积为 81.2hm^2，平均单产为 945kg/hm^2，总产量为 77t；薯类播种面积为 141.3hm^2，平均单产为 5430kg/hm^2，总产量为 767t；蔬菜、瓜果播种面积为 904.7hm^2，总产量为 61745t；林业用地面积为 3476hm^2，全区森林覆盖率达 22.94%。全区农、林、牧、渔总产值为 138686 万元，其中种植业总产值为 556 万元。

一级地和二级地占总耕地面积的 40.78%，三级地和四级地占总耕地面积的 31.78%，五级地和六级地占总耕地面积的 27.35%。以一级地分布面积最大，占总耕地面积的 21.98%。六级地分布面积最小，约占总耕地面积的 7.30%（见专表 2-1）。

专表 2-1　　周村区耕地地力评价结果面积统计

等级	一级地	二级地	三级地	四级地	五级地	六级地	总计
面积（hm^2）	2296.12	1964.21	2058.21	1271.11	2094.04	762.61	10446.30
百分比（%）	21.98	18.80	19.70	12.17	20.05	7.30	100

全区土壤有机质平均含量为20.3g/kg,碱解氮平均含量为108mg/kg,有效磷平均含量为48mg/kg,速效钾平均含量为126mg/kg。

(二)存在问题

目前,周村区耕地利用中也存在一些问题。

1.耕地数量急剧减少

随着人口的增加和经济社会事业的发展,特别是工业化和城镇化的快速推进,大量耕地被占用,人地矛盾越来越突出。据资料记载,1949年周村人口为11.4万人,耕地面积为19872.5hm^2,人均占有耕地1746.8m^2(2.62亩);1983年周村人口为26.4万人,耕地面积为15965.7hm^2,人均占有耕地600.3m^2(0.90亩);2008年周村人口为32.1万人,耕地面积为10455.4hm^2,人均占有耕地326.7m^2(0.49亩)。可以看出,在不到60年的时间里,耕地减少了47.4%。因此,必须制定最严格的土地保护政策,加大土地执法力度,严厉打击乱占耕地的违法行为,切实保护耕地资源。

2.耕地地力存在问题

一是重用轻养。长期以来,周村区在耕地施肥上"重化肥,轻有机肥"。全区化肥施用量虽逐年增加,有机肥投入量却逐年减少,且投入的化肥以氮肥、磷肥为主,地块间的差异较大。

二是由于多年的连续旋耕,耕层变浅,保水、保肥能力下降,项目区耕层厚度平均为15～18cm。

三是土壤养分不平衡,耕层土壤养分变幅较大。部分地块土壤养分比第二次土壤普查时的平均数还低,但大部分地块土壤养分有较大程度的提高。也存在着化肥的过量施用与不合理的比例问题,导致化肥资源浪费、化肥利用率低,土壤出现盐渍化和结构变劣等问题。要持续提高中低产耕地的基础地力,为农作物生长创造高产基础,必须将用土与养土有机结合起来,广辟有机肥源,重视有机肥的施用,提倡施用有机—无机复混肥。同时应利用中低产耕地调查评价成果,科学指导化肥的调配,采用科学优化平衡施肥,不断培肥地力,实现中低产耕地资源的永续利用。

3.农田面源污染日益突出

由于农民普遍科技文化素质不高,部分地块存在大量施用化肥、农药、地膜的现象,特别是过量或不合理施用,使大量化肥元素及农药进入土壤和水体,导致农田出现污染。据统计,2010年全区农药使用量为218.0t,平均为21.0kg/hm^2;农用化肥施用量(实物量)为15495t,平均为1494.8kg/hm^2;地膜使用量为73t,平均为222.8kg/hm^2。单看数字,绝对值并不太高,但由于化肥、农药等化学投入品使用很不平衡,造成地块间的施用量大小不一,不足与过量现象非常突出。

二、水资源现状分析

(一)降水及农田灌溉现状

周村区多年平均降水为648mm,因受地形及季风影响,全年降水分配不均匀,季节性变化明显。降水量主要集中在6～9月,占全年降水量的70%及以上;冬春季降水很少;容易出现"夏季多雨,冬春干旱,晚秋又旱"的局面。且年际间变率大,最大为1347.1mm(1964年),最小为380.3mm(1960年);降水空间分布不均,南部大于北部。由于南部丘陵地区坡陡，径流量大，大部分不能拦蓄而顺坡流失；北部坡缓、地势低洼，径流量小。地下水易受水文地质条件影响。2010 年，全区农田有效灌溉面积为 9587hm²，占耕地面积的比重为 80.3%，其余耕地的水资源主要依赖于大气的自然降水补给。

（二）河流水文特征

周村区境内主要河流有 7 条，皆属小清河水系，分别为孝妇河、范阳河、泔沟河、淦河、米沟河、玉带河、青杨河。

泔沟河、淦河、米沟河、玉带河、青杨河均为季节性河流，缺水季节大都断流，不能发挥灌溉作用。孝妇河、范阳河虽然较少断流，但由于流量小且污染严重，只可间歇性地用于农田灌溉。

三、耕地主要障碍因素分析

（一）土体构造障碍因素

周村区耕地土体结构整体较好，耕层质地均较好，不需改良的耕地面积为 8986.02hm²，占总耕地面积的 86.02%。需要改良的面积为 1460.28hm²，仅占总耕地面积的 13.98%，较分散地分布在北部、中西部和西南部地区。耕层中含有浅黏、砾质等障碍性层次。土体构型较差的耕地面积为 1460.28hm²，占总耕地面积的 13.98%。

（二）土壤养分障碍因素

周村区土壤主要养分状况总体较好，非改良耕地面积为 7447.63hm²，占总耕地面积的 71.29%。其中缺乏钾素的耕地面积为 2977.27hm²，占总耕地面积的 28.51%；缺乏磷素的耕地面积为 61.37hm²，占总耕地面积的 0.59%；缺乏有机质的耕地面积为 28.18hm²，占总耕地面积的 0.28%；缺乏锌素的耕地面积为 14.86hm²，占总耕地面积的 0.15%。缺乏单一养分的耕地面积为 2925.91hm²，占总耕地面积的 28%；同时缺乏两种养分的耕地面积为 65.1hm²，占总耕地面积的 0.63%；同时缺乏三种养分的耕地面积为 5.03hm²，占总耕地面积的 0.05%；同时缺乏四种养分的耕地面积为 2.62hm²，占总耕地面积的 0.03%。全区硼素含量较高，不需培肥改良。可以看出，周村区土壤养分的特点是耕地中单一养分缺乏普遍，主要是速效钾在不同地区有不同程度的缺乏。

四、种植业布局区划

按照因地制宜、规模发展、品牌带动、标准化生产、产业化经营的原则，根据周村区耕地地力分级和质量评价结构、水资源状况、农业生产特点及传统种植习惯，积极推进全区农业结构战略性调整，可将全区划分为三大版块。

（一）周北平原、周东倾斜平地以粮为主，积极推进适度规模经营

周北平原、周东倾斜平地主要包括北郊全部、南郊东中部、萌水部分村及各街道办事处所辖村。地势比较平坦，土壤结构良好，土层深厚，地力和水浇条件都较好。土壤有机质平均含量为 20.8g/kg，碱解氮平均含量为 100mg/kg，全氮平均含量为 1.13g/kg，有效磷平均含量为 38.6mg/kg，速效钾平均含量为 126mg/kg，pH 为 7.0～7.5，适种作物广，是周村区的粮食高产区。一年两作，主要种植小麦、玉米。

当前生产上存在的主要问题：人均耕地少，农业收益占总收入的比重太小，农民种地

积极性不高，肥料投入不足；地力衰减，灌溉系统不够完善，耕层较浅，土壤通透性较差，影响作物根系下扎和肥水供应。

发展方向：积极扶持壮大农业合作经济组织，通过土地流转促进规模化经营；全面推广秸秆还田和配方施肥技术，加深耕层，打破犁底层，加厚活土层，改良土壤理化性状，实施规范化播种，建设优质粮高产基地；增打机井，开发水源，大力推广节水灌溉技术，缩短轮灌周期；大力推广设施农业，利用临近城区、经济发达、交通便利的优势，引进种植效益高、适销对路农产品，把农业做大、做强。

（二）周中南低丘坡地以果为主，果林牧杂综合发展

周中南低丘坡地位于胶济铁路以南、姜萌公路以西的低山丘陵区，包括王村全部、南郊、萌水部分村，总共约 85 个村。地处低山丘陵，地形高低不平，坡度较大，西南部高，东北部低，海拔为 50～350m，大部分山头缺树少草，有水土流失现象。耕层浅薄，土体干旱，水源缺乏，干旱严重。土壤有机质平均含量为 20.7g/kg，碱解氮平均含量为 119mg/kg，有效磷平均含量为 58.9mg/kg，速效钾平均含量为 127mg/kg，pH 为 4.9～7.9，土壤肥力较高。主要种植小麦、玉米，还有大豆、花生、红薯等作物。

当前生产上存在的主要问题：水源缺乏，干旱严重；耕层较浅，活土层薄；产量低而不稳，农民种地积极性不高。

发展方向：完善农业用水机制，增加农业水利基本建设投入，增打机井，修建塘坝，修缮灌渠，大力发展节水灌溉技术，扩大水浇面积。发展旱作农业，一是大力推广耐旱高产作物和品种，二是平整土地，深耕，增施有机肥，培肥地力，夏作推广免耕法，控制水土流失，增强保肥、保水能力，三是推广开沟条播、集中施肥、深播浅盖、适墒勤除保墒、化肥深施等办法，从农业措施上增强保水、保肥、耐旱能力。调整种植结构与布局，一是把不宜生产粮食的地块退耕还林，发展林果生产，二是适当压缩需大肥、大水的玉米种植面积，扩大抗旱耐瘠、适应性强的谷子和其他杂粮的种植面积。以干鲜果树为主发展林果生产，大量种植果树是山丘地区利用当地资源发展生产的一条主要途径。山丘上部土层浅薄，应以水土保持林为主，中下部土层较厚，应以果林为主，坡地梯田堰边种植梯田林带，上乔下灌，以涵养水分，调节气候，减小风速，保持水土。在搞好山丘区植树种草的基础上，大力发展畜牧业，利用树叶、野草和作物秸秆，先“肥畜”后“肥田”。同时发展加工业，产品多次增值，实现较高的经济效益。

（三）城市近郊以蔬菜、花卉苗木为主，发展都市农业

城市近郊主要包括城区周围的约 39 个村。因地处城市近郊，交通方便，土层深厚，适种性广，水浇条件好，土壤肥力高。

当前生产上存在的主要问题：人多地少，难以形成规模效益；种植上以粮为主，比较效益低。

发展方向：实行生产专业化，集约经营，挖掘生产潜力，适当调整土地，把零星分散的土地逐步转移到种田能手手中，生产城市需要量大的蔬菜、花卉苗木，充分发挥地少人多、条件好的优势。调整作物布局，宜粮则粮，宜菜则菜，适当发展其他经济作物，大力发展各种形式的保护栽培。大力发展都市农业，充分发挥周村区毗邻中心城区的区位优势和特色农业优势，制定发展规划。围绕苗木花卉、精准农业、生态观光农业、循环农业四大重点，发展都市农业。

专题报告三　周村区粮食增产潜力分析

2011 年，国家出台了 10 项进一步扶持粮食生产的措施。从长期趋势看，我国耕地减少、水资源短缺的问题不可避免，粮食增产的难度会越来越大，随着人口的刚性增长和人民生活水平的提高，保持粮食长期供求平衡的任务十分艰巨。为此，国家提出了“坚持粮食基本自给，稳定发展粮食生产，确保国家粮食安全”的要求，出台了一系列惠农政策，逐步加大对种粮农民直接补贴的力度，建立农资综合直补与农资价格动态调整机制，提高良种补贴标准，加大了对农业科研的投入，完善了粮食价格调控机制。可以看出，保持粮食稳产、增产是我们国家长期的战略性目标。

一、基本现状

（一）生产现状

周村区总耕地面积为 10446.3hm^2，农田有效灌溉面积为 9020hm^2，农田机电灌溉面积为 7610hm^2，其中节水灌溉面积为 6250hm^2。人均占有土地 326.7m^2（0.49 亩），复种指数为 187.2％。

2010 年年末，全区拥有农业机械总动力为 2.017×10^5kW。其中，大中型拖拉机 1725 台，联合收获机 644 台，农用运输车 2388 辆，机动喷雾机 346 台，秸秆粉碎还田机 351 台。机耕作业面积为 7760hm^2，机械化免耕播种面积为 10092hm^2，机械化秸秆还田面积为 14340hm^2。全区有机电井 1980 眼，配套装机 1600 台，总装机 4.8×10^6kW。

周村区粮食面积相对较小，但单产潜力较大。2010 年粮食总产量为 9.84×10^4t，平均单产为 361kg/667m^2。小麦种植面积为 8830hm^2，玉米种植面积为 8760hm^2。历年粮食总产量趋势如专图 3-1 和专图 3-2 所示。

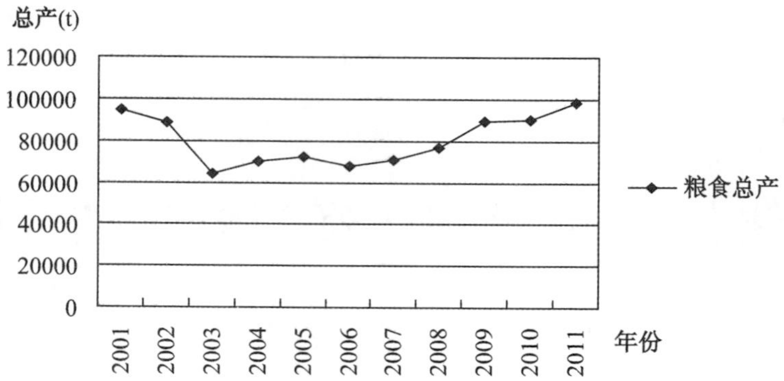

专图 3-1　历年粮食总产趋势图

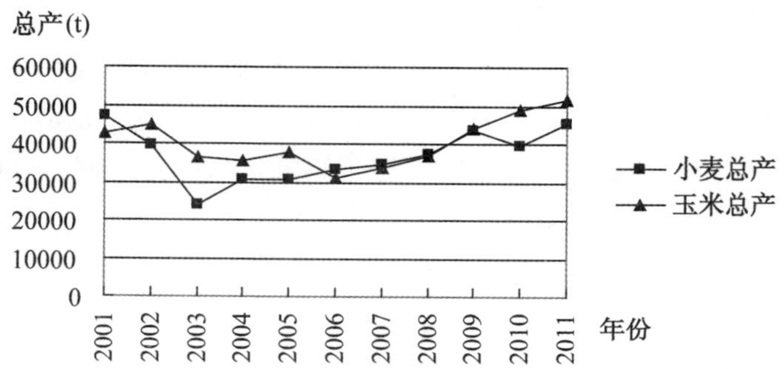

专图 3-2　历年小麦、玉米总产量趋势图

可以看出，周村区粮食产量自 2006 年起呈递增状态，粮食单产也由 329kg/667m^2 增加到现在的 361kg/667m^2。增产的主要原因是国家加大了种粮补贴力度，提高了农民种粮积极性，扩大了粮食种植面积。还有就是农业主推技术应用与推广，使农作物单产逐年提高。

近年来，周村区农业生产条件有了大幅提升，农业机械化作业率得到了提高，但是也存在着各地之间发展极不平衡的状况，特别是南部丘陵山区农作物复种指数不高，抗旱能力较弱。

（二）地力现状

本次地力评价工作全面而系统地分析了周村区的地力状况，对全区地力现状进行了等级划分，为了解周村地力状况和制定科学的农业生产规划、粮食增产目标、土地综合治理与改良提供了重要的技术依据，也为周村农业的可持续发展奠定了坚实的基础。

如专表 3-1 所示，五级地、六级地占总耕地面积的 27.35%，虽然所占面积不大，但耕层中含有砾石、浅黏等明显障碍性层次。微地貌类型以低丘坡地为主，有少量丘间洼地、丘前倾斜平地和低山岭地。五级地地形坡度为 0.2°～10°。少部分地区灌溉保证率能达到 25%以上，有大量的无灌溉区。土壤养分含量除有效磷中等，其余均较低。六级地地形坡度为 1°～25°。灌溉保证水平低，有大量的无灌溉区。土壤养分含量均较低，需要通过各种治理措施进行培肥和改良。

专表 3-1　　周村区耕地地力评价结果面积统计

等级	一级地	二级地	三级地	四级地	五级地	六级地	总计
面积(hm^2)	2296.12	1964.21	2058.21	1271.11	2094.04	762.61	10446.3
百分比(%)	21.98	18.8	19.7	12.17	20.05	7.3	100

(三)存在问题

粮食产量是种子、气候、土壤、耕作、管理几个方面的综合反应,它们在生产中相互影响,只有充分发挥作用才能取得高产或超高产。在这几方面,周村区不论是客观还是主观,都存在着不同程度的问题,制约了粮食生产水平的提升速度。

1.养分不平衡

通过近几年土壤化验分析可知,耕层土壤养分变幅较大,部分地块土壤养分比第二次土壤普查时的平均数还低,但大部地块土壤分养有较大程度的提高。同时也存在着化肥的过量使用与不合理施用比例,导致化肥资源浪费、化肥利用率低,土壤出现盐渍化和结构变劣等问题。

2.条件不完善

南部山区的农田基础设施较差,灌溉保证率较低,有效灌溉面积小,土地不平整,造成农业机械化作业程度不高。

3.管理水平低

目前,在粮食生产上的管理较为粗放,生产措施精细化程度低。品种选择上比较盲目且更新较慢。病虫害综合防治能力差,一些大的病虫害如玉米青枯病、玉米粗缩病近几年危害较重,都还没有形成更加有效的防治办法。耕作方法需要改进,相当多的地块特别是北部水浇条件较好的地块存在着连续多年的旋耕、耕作层变浅现象,影响了作物的根系下扎,降低了土壤的保水、保肥能力。

4.技术推广慢

近年来,区农业局在农业主推技术与主推品种的筛选上不遗余力,同时在全区开展了农业科技入户工程,由技术指导员包示范户并进行全面技术指导,取得了明显的效果。但由于一家一户的种植管理模式,农民在接受能力及认可度上存在着千差万别,影响了主推技术的推广速度与覆盖率。

5.灾害性天气较多

由于受大陆性季风气候的影响,干湿季节明显,天气变化较大,旱、涝、干热风、低温、霜冻和大风等灾害性天气都有发生,但干旱是主要的。

二、粮食生产的有利条件

(一)土壤较好,适种性广

周村区地处鲁中山区与华北平原交界地带,地质、地貌、土壤类型等具有明显的过渡性。土壤理化性状好,水、肥、气、热协调,土壤有机质平均含量为20.3g/kg,碱解氮平均含量为108mg/kg,有效磷平均含量为48mg/kg,速效钾平均含量为126mg/kg,各种微量元素水平为高或较高。综合来看，周村区土层深厚，构型较好，质地适中，适耕期较长，熟化程度较高，保肥、保水、供肥能力较强，钾素含量丰富，酸碱度适中，适宜种植多种作物，发展灌溉农业及机械化农业。

（二）光热丰富，雨热同季

周村区气候属于温带大陆性季风气候。平均年日照时数为 2513.5h，日照百分率为 57%，80%的保证率有 2368.3h，农作物生长季为 2077.2h，占全年日照时数的 81.5%，能满足长、短日照作物的需光要求，尤以 4～6 月日照最为充裕，非常利于小麦的生长。

（三）社会经济有一定基础

2010 年，农民人均纯收入为 9576 元。农业投入逐年增加，机械化程度同周边地区相比，处于较高水平。

（四）农业劳动力充足

周村区农业人口多，农村劳动力为 84875 人，人均耕地面积低于山东省和全国平均水平，劳动力素质较高。

三、粮食增产潜力分析

《全国粮食生产发展规划（2006～2020 年）》指出：以科学发展观为统领，始终坚持基本立足国内保障粮食供给的方针，围绕保持粮食供求基本平衡的宏观调控目标，采取行政、法律、市场等多种手段，调动中央各部门、地方、农民等各方面积极性，聚集科技、人力、资金等多种资源，以综合生产能力建设为核心，合理布局，主攻单产，稳定面积，优化结构，促进增效，构建长效机制，为保障国家粮食安全，建设社会主义新农村，促进国民经济又快又好发展奠定坚实基础。

要想提高粮食产量，需做好两方面的工作：一是稳定和扩大粮食种植面积，二是提高单产。除了这些工作，仍要积极不断地优化产业结构，推广应用节本增效和资源节约型技术，促进粮食转化增值，提高粮食生产的综合效益。

（一）面积潜力

稳定和扩大粮食种植面积是提高粮食总产的便捷途径。首先要实行最严格的耕地保护制度，采取切实可行的措施，调动农民种粮和政府抓粮的积极性，将粮食播种面积稳定在合理水平。2010 年，周村区耕地面积为 10446.3hm^2，较 1949 年减少了 47.8%，所以说，保护耕地面积是周村区实现粮食面积稳定的重要前提和基础。由于对耕地保护力度加大，从 2007 年开始，耕地面积基本保持不变，加上国家粮食补贴政策的实施，2011 年粮食种植面积达到了历史最高（见专图 3-3）。从总的趋势看，周村区粮食种植面积特别是小麦种植面积已经达到或接近了峰值，上升空间不大，复种指数也达到历史最高，通过提高复种指数来增加种植面积可能性非常小。仅可通过改良部分土层较薄的山旱田来增加面积，但是潜力非常有限。

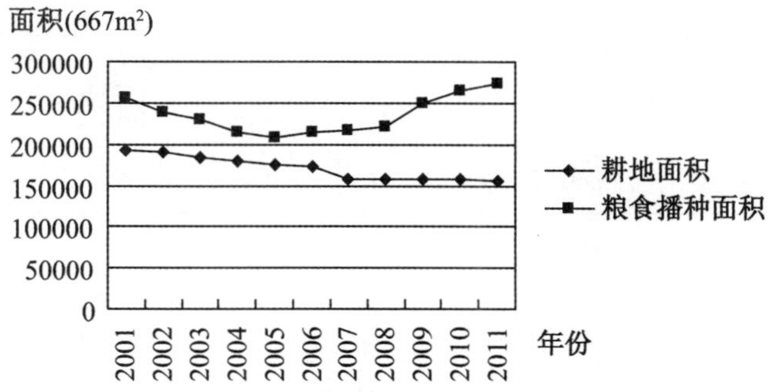

专图 3-3　历年粮食播种面积趋势图

（二）单产潜力

在当前耕地面积逐渐减少的情况下，单产提高是增加粮食总产的最重要途径，既有社会效益也有经济效益，扩大了投入与产出的比例，提高了粮食综合生产能力，能够提高农民种粮积极性，向产业化、集约化发展，形成规模效益。

周村区粮食单产水平在山东省处于中下等水平，2011 年，小麦单产为 380kg/667m^2，玉米单产为 392kg/667m^2，均低于全省平均单产。1994 年，在淄博市玉米高产攻关活动中，取得单产 862.7kg/667m^2；2007 年，小麦高产攻关达到 585kg/667m^2，说明了当前周村区粮食实际单产与高产水平相比，还存在着较大的增产潜力和上升空间。而且各地之间发展不均衡，单产水平差距较大。小麦单产最高的永安与最低的萌水相差 248kg/667m^2，玉米单产最高的北郊与最低的萌水相差 208kg/667m^2。从专图 3-4 和专表 3-2 可以看出，粮食单产提高潜力很大。根据当前科学技术发展的水平，无论是从优良品种、还是从栽培措施及耕作制度等各方面技术进步程度来看，都能实现这一增产目标：一是加强水利设施建设；二是采取改土、节肥、节水、良种良法配套等新技术措施。

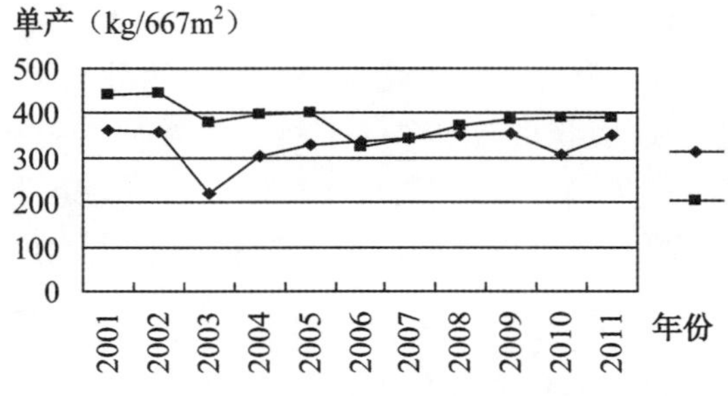

专图 3-4　历年小麦、玉米单产趋势图

专表 3-2　　2010 年周村区各地小麦、玉米单产

作物	北郊	南郊	王村	萌水	丝绸路	大街	青年路	永安街	城北路
小麦（kg/666.7m²）	445	328	289	240	400	400	475	488	428
玉米（kg/666.7m²）	491	398	323	283	400	426	455	490	479

四、粮食增产途径

（一）加强领导，提高对粮食生产的重要性认识

民以食为天，食以粮为源。抓好粮食这个基础性、战略性资源的生产和供应，对于我们这个世界上人口最多的国家来说，其重要性怎么强调都不过分。在这个问题上，我们要有很强的忧患意识，抓好粮食生产这根弦要始终绷得紧紧的，一刻也不能放松。我们要从上到下提高对粮食生产的重要性认识，强化领导责任，认真落实好国家每一项惠农政策，提高农民种粮的积极性，并不断引导农业向机械化、产业化、规模化发展，促进粮食增产、增收。

（二）稳定面积，加大中低产田的改造力度

根据《基本农田保护条例》，严厉查处侵占基本农田行为，增加粮食播种面积。从扩大高产田、改造中低产田入手，以产业结构调整为重点，建立周村区高产优质粮食生产区域。首先要摸清周村区地力现状，然后采取相应的改良措施，调整农作物种植结构，增加粮食种植面积。

由专表 3-3 可以看出，周村区耕地自然环境条件相对较好。在对周村区耕地自然环境条件分析的基础上，得出有 60.99%的耕地面积不需改良，需要改良的耕地主要分布在中西部地区。其中灌溉保证水平需要提高的耕地面积为 3549.31hm²，占总耕地面积的 33.97%；有效土层厚度需要改善的耕地面积为 1576.08hm²，占总耕地面积的 15.09%；坡度条件需要改善的耕地面积为 7.88hm²，占总耕地面积的 0.07%。单一自然条件需要改善的耕地面积为 3025.23hm²，占总耕地面积的 28.96%；两种自然条件需要改善的耕地面积为 1042.2hm²，占总耕地面积的 9.98%；三种自然条件需要改善的耕地面积为 7.88hm²，仅占总耕地面积的 0.07%。可见，周村区耕地自然环境条件改良利用的主要方向为改善耕地灌溉条件，提高灌溉保证率。同时要增加有效土层厚度，防止水土流失，保护耕层土壤。

专表 3-3　　耕地自然环境条件改良利用分区面积统计表

改良利用分区	Ei	Ed	EiEd	EiEsEd	非改良区
面积（hm²）	2499.23	526	1042.2	7.88	6370.99
百分比（%）	23.92	5.04	9.98	0.07	60.99

主要措施：①修筑梯田。通过实施修筑梯田（水平梯田、隔坡梯田、缓坡梯田）为中心的田间水保工程，增加梯田土体厚度、耕层熟化层厚度。在田埂种植草、灌木，在山顶或隔坡内种植抗旱、保水的树或草、灌木，增加植被覆盖。②耕作培肥。因土壤贫瘠引起土壤

干旱的瘠薄培肥型耕地，要通过深耕、深翻逐渐加厚耕作层。深耕时注意保墒，选择耕翻季节，结合耙耱镇压等，还要注意水土保持，加修地埂。新修梯田及经过工程改造的土壤，也可通过深耕翻、秸秆覆盖还田、种植绿肥，加厚耕作层，改善耕层的理化性状和养分状况。③增施有机肥，广开肥源，实行堆沤肥、秸秆肥、畜粪肥、土杂肥共用，以及粮肥轮作、粮豆轮作。通过深耕培肥，使熟化层厚度增加 3～5cm。④因土种植与合理施肥。加强种植制度的改革，种植耐瘠、耐旱养地作物。可种植豆类、谷子、高粱等养地耐瘠作物。同时注意氮、磷、钾的合理施用，尤其要增加磷肥、钾肥的施用。⑤实施集水补灌工程。对于季节性水源充沛而缺乏灌溉条件的地方，可在农田整治的基础上，结合地形特点，修筑旱井、旱窖、人字闸等集水工程，并配套节水补灌设施，以满足作物苗期和生长关键期对水分的要求。⑥大力推广旱作农业技术。大力推广以蓄水、保水、调水、集水、节水为主要内容的旱作农业技术。

（三）主攻单产，加大农业主推技术的推广应用力度

周村区耕地面积较少，通过增加面积提高产量的潜力非常有限，但单产水平较低，提高潜力较大，通过增加单产是实现粮食产量大跨越的有效途径。首先是加大农业投入，加强耕地质量建设，南部山旱田约占周村区总面积的一半，其最大的制约因素是缺水，要通过不断加大水利设施的投入，改善生产条件，增加粮食单产。其次是加快农业科技推广步伐。近年来，紧紧依靠科技进步，通过对农业主推技术宣传推广，缩短了新品种的更换周期，使良种与良法相配套，大力实施了夏玉米“一增四改”、小麦氮肥后移延衰等高产栽培技术，粮食单产水平逐年提高。

2012 年，周村区承担了山东省玉米“一增四改”高产栽培技术示范与推广项目，为加快农业科技推广步伐创造了良好条件。

在主推技术的推广过程中，充分发挥科技示范户、粮食种植大户、高产高效示范样板的带头辐射作用，逐步实现粮食种植的规范化、标准化、机械化、优质化。建立新品种试验示范区，不断筛选更新品种。通过各地高产攻关田，探索高产栽培技术，示范、推广同步开展。建立主要作物的施肥指标体系，分地区、分区域实施配方施肥技术。以建设农村植保专业化防治队伍为重点，加大病虫害的统防、统治力度，提升整体防治水平。

在今后实现粮食增产方面，不仅要注重单产的突破，还要注重大面积粮食丰产能力的提升。既要注重单项技术的创新，又要注重技术的综合集成和系统配套。注重节本增效技术的转化和应用，对粮食作物大面积、规模化种植配套技术和防灾减灾、产后减损技术进行系统安排。注重粮食丰产技术的综合集成，形成一批适合不同区域粮食作物丰产栽培技术的模式。推动周村区粮食丰产能力的建设，拉动全区粮食产业的发展。

（四）增加投入，全方位拉动农业生产水平的整体提升

从 2004 年到 2011 年，中央连续出台了 8 个涉农的一号文件，可以看出对农业基础地位的重视程度。在农业问题上始终把“稳粮保供给”作为稳定国家改革发展的头等大事来抓，而且坚持对种粮农民实行直接补贴，提高了补贴范围与补贴标准。

（五）继续做好秸秆还田

农作物秸秆是宝贵的有机肥资源，秸秆还田具有营养植物和培肥土壤的双重功效。作物每季都从土壤中带走大量营养元素，氮、磷、钾等矿物质元素可以通过施肥得到补充，

而有机质很难通过化学方法速补，只能通过增施农家肥、秸秆还田才能得以补充。通过秸秆还田可维持土壤有机质的积累与矿化的动态平衡，而焚烧还田除磷、钾等元素得以保留，秸秆中的主要成分碳水化合物、蛋白质以气体散失，不但浪费资源而且污染环境。

（六）实行深耕，改善土壤理化性质

深耕具有翻土、松土、混土、碎土的作用，能改善土壤结构，增加土壤的底墒；能疏松土壤下层，增加土壤的含水量，即增加土壤的底墒；能加强土壤的透气性，有利于农作物的根系呼吸；有利于消除杂草和病虫害；可促进根系发育，增加农作物的产量；可深层施肥，有利于逐步熟化下层土壤，增加根系吸收营养范围。近十多年来，周村区大部分都是采用旋耕，且常年旋耕，使耕层下面形成了一个比较坚硬的犁底层，严重影响作物根系发育、下扎，大大缩小了根系吸收养分的范围，致使土壤保水、保肥性能下降，抗旱、防涝能力降低。据调查，长期采用旋耕会使土壤水分流失增加 20%，肥料利用率仅 30%左右。

近年来，周村区在全区范围内实施了粮食直补，农机具补贴，小麦、玉米、花生等的良种补贴，直接推动了农民的种粮积极性，扩大了粮食种植面积。

总之，我们要不断通过实施农业项目，充分利用地力评价的成果，科学规划周村区土地治理方案及农业综合改良措施，以国家投入为重点，筹措多方面资金，加大农业投入力度，全面提升全区农业生产水平。

附　表

附表 1　　各等级耕地土种分布表

土种		一级地	二级地	三级地	四级地	五级地	六级地	合计
中壤质厚黏腰冲积物潮褐土	面积(hm²)	1348.01	1.75	18.81	63.12	9.47	0	1441.16
	百分比(%)	93.54	0.12	1.31	4.38	0.66	0	100
重壤质厚黑土腰洼坡砂姜黑土	面积(hm²)	0	144.13	0.92	0	0	0	145.05
	百分比(%)	0	99.37	0.63	0	0	0	100
轻壤全剖面均质冲积物褐土	面积(hm²)	247.21	33.05	0	0	0	0	280.26
	百分比(%)	88.21	11.79	0	0	0	0	100
中壤质厚黏腰冲积物褐土	面积(hm²)	185.19	231.03	0.7	0	0	0	416.92
	百分比(%)	44.42	55.41	0.17	0	0	0	100
中壤质厚黑土心洼坡砂姜黑土	面积(hm²)	181.34	73.03	0	0	0	0	254.37
	百分比(%)	71.29	28.71	0	0	0	0	100
中壤质厚黑土腰洼坡砂姜黑土	面积(hm²)	323.15	56.17	0	3.85	0	0	383.17
	百分比(%)	84.34	14.66	0	1	0	0	100
重壤质厚黏腰冲积物褐土	面积(hm²)	7.59	23.79	0	0	0	0	31.38
	百分比(%)	24.19	75.81	0	0	0	0	100
中壤质厚黏腰洪积冲积物潮褐土	面积(hm²)	3.31	245.98	627.55	40.81	55.56	0	973.21
	百分比(%)	0.34	25.28	64.48	4.19	5.71	0	100
中壤质厚黏腰洪积冲积物褐土	面积(hm²)	0.3	989.56	1043.84	454.96	631.64	0	3120.31
	百分比(%)	0.01	31.71	33.45	14.58	20.24	0	100
轻壤质厚黏腰洪积冲积物褐土	面积(hm²)	0	5.06	84.7	0	0	0	89.76
	百分比(%)	0	5.64	94.36	0	0	0	100
中壤全剖面均质洪积冲积物褐土	面积(hm²)	0	48.2	197.6	30.05	141.83	0	417.67
	百分比(%)	0	11.54	47.31	7.19	33.96	0	100
轻壤全剖面均质洪积冲积物褐土	面积(hm²)	0	101.38	0	0	0	0	101.38
	百分比(%)	0	100	0	0	0	0	100
轻壤质中层冲积物褐土	面积(hm²)	0	0	0	159.7	577.47	660.3	1397.47
	百分比(%)	0	0	0	11.43	41.32	47.25	100
中壤质厚黏心洪积物褐土	面积(hm²)	0	11.08	69.26	322.15	473.64	6.12	882.24
	百分比(%)	0	1.26	7.85	36.52	53.69	0.69	100
发育在钙质岩类上的中层壤质褐土性土	面积(hm²)	0	0	0	0	61.68	57.51	119.19
	百分比(%)	0	0	0	0	51.75	48.25	100

续表

土种		一级地	二级地	三级地	四级地	五级地	六级地	合计
轻壤全剖面均质洪积物褐土	面积(hm^2)	0	0	7.13	131.04	89.34	0	227.51
	百分比(%)	0	0	3.13	57.6	39.27	0	100
中壤质厚黏腰砾石层洪物冲积物褐土	面积(hm^2)	0	0	7.71	65.43	32.68	0	105.82
	百分比(%)	0	0	7.29	61.83	30.88	0	100
发育在非石灰性砂页岩上的极薄层硬石底褐土性土	面积(hm^2)	0	0	0	0	20.74	38.68	59.42
	百分比(%)	0	0	0	0	34.9	65.1	100

附表 2　耕层质地

项目		一级地	二级地	三级地	四级地	五级地	六级地	总计
中壤	面积(hm^2)	2041.32	1656.8	1965.46	980.36	1427.24	102.31	8173.48
	百分比(%)	24.97	20.27	24.05	11.99	17.46	1.25	100
重壤	面积(hm^2)	7.59	167.92	0.92	0	0	0	176.43
	百分比(%)	4.3	95.18	0.52	0	0	0	100
轻壤	面积(hm^2)	247.21	139.49	91.83	290.75	666.8	660.3	2096.38
	百分比(%)	11.79	6.65	4.38	13.87	31.81	31.5	100

附表 3　障碍层

项目		一级地	二级地	三级地	四级地	五级地	六级地	总计
其他	面积(hm^2)	2114.78	1735.97	1988.03	948.95	1537.98	660.3	8986.02
	百分比(%)	23.53	19.32	22.12	10.56	17.12	7.35	100
浅黏	面积(hm^2)	181.34	228.24	70.18	322.15	535.32	63.63	1400.86
	百分比(%)	12.94	16.29	5.01	23	38.21	4.54	100
砾质	面积(hm^2)	0	0	0	0	20.74	38.68	59.42
	百分比(%)	0	0	0	0	34.9	65.1	100

附表 4　土体结构表

项目		一级地	二级地	三级地	四级地	五级地	六级地	总计
中壤黏腰	面积(hm^2)	1859.98	1524.5	1698.6	628.16	729.35	0	6440.59
	百分比(%)	28.88	23.67	26.37	9.75	11.32	0	100
重壤黏心	面积(hm^2)	181.34	217.16	0.92	0	0	0	399.42
	百分比(%)	45.4	54.37	0.23	0	0	0	100

续表

项目		一级地	二级地	三级地	四级地	五级地	六级地	总计
轻壤均质	面积(hm^2)	247.21	134.43	7.13	131.04	89.34	0	609.16
	百分比(%)	40.58	22.07	1.17	21.51	14.67	0	100
重壤黏腰	面积(hm^2)	7.59	23.79	0	0	0	0	31.38
	百分比(%)	24.19	75.81	0	0	0	0	100
轻壤黏腰	面积(hm^2)	0	5.06	84.7	0	0	0	89.76
	百分比(%)	0	5.64	94.36	0	0	0	100
中壤均质	面积(hm^2)	0	48.2	197.6	30.05	141.83	0	417.67
	百分比(%)	0	11.54	47.31	7.19	33.96	0	100
中层	面积(hm^2)	0	0	0	159.7	639.14	717.81	1516.66
	百分比(%)	0	0	0	10.53	42.14	47.33	100
中壤黏心	面积(hm^2)	0	11.08	69.26	322.15	473.64	6.12	882.24
	百分比(%)	0	1.26	7.85	36.52	53.69	0.69	100
极薄层	面积(hm^2)	0	0	0	0	20.74	38.68	59.42
	百分比(%)	0	0	0	0	34.9	65.1	100

主要参考文献

[1]全国农业技术推广服务中心.土壤肥料检测指南.北京:中国农业出版社,2007

[2]山东省土壤肥料工作站.山东土种志.北京:中国农业出版社,1993

[3]中华人民共和国农业部.测土配方施肥技术规范.北京:NY/T 1118—2006

[4]朱祖祥.土壤学.北京:中国农业出版社,1989

附 图

周村区土壤图

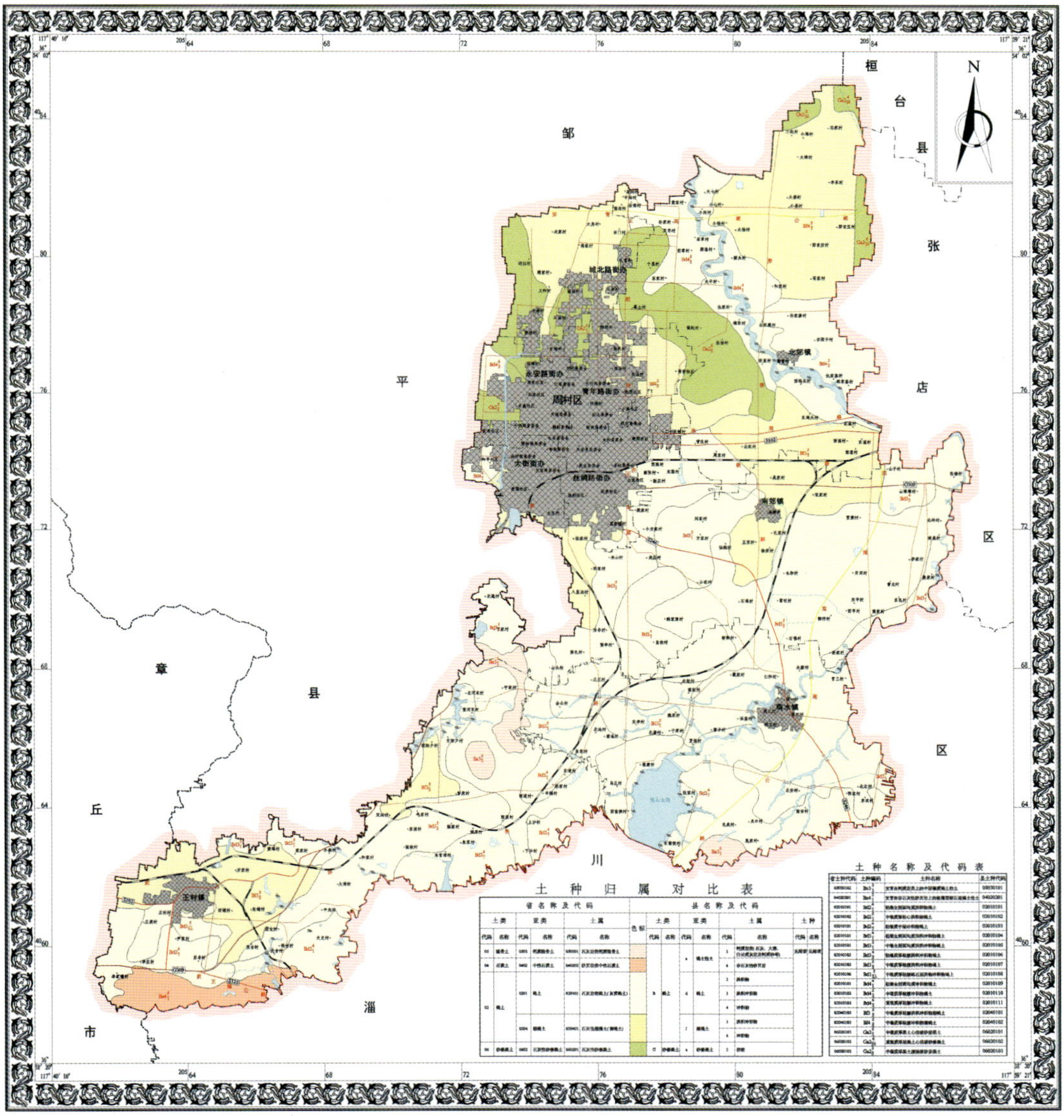

1954年北京坐标系 1956年黄海高程系

比例尺1:225000

山东农业大学资源与环境学院
山东天地亚太国土遥感有限公司 二〇一一年十月

周村区土地利用现状图

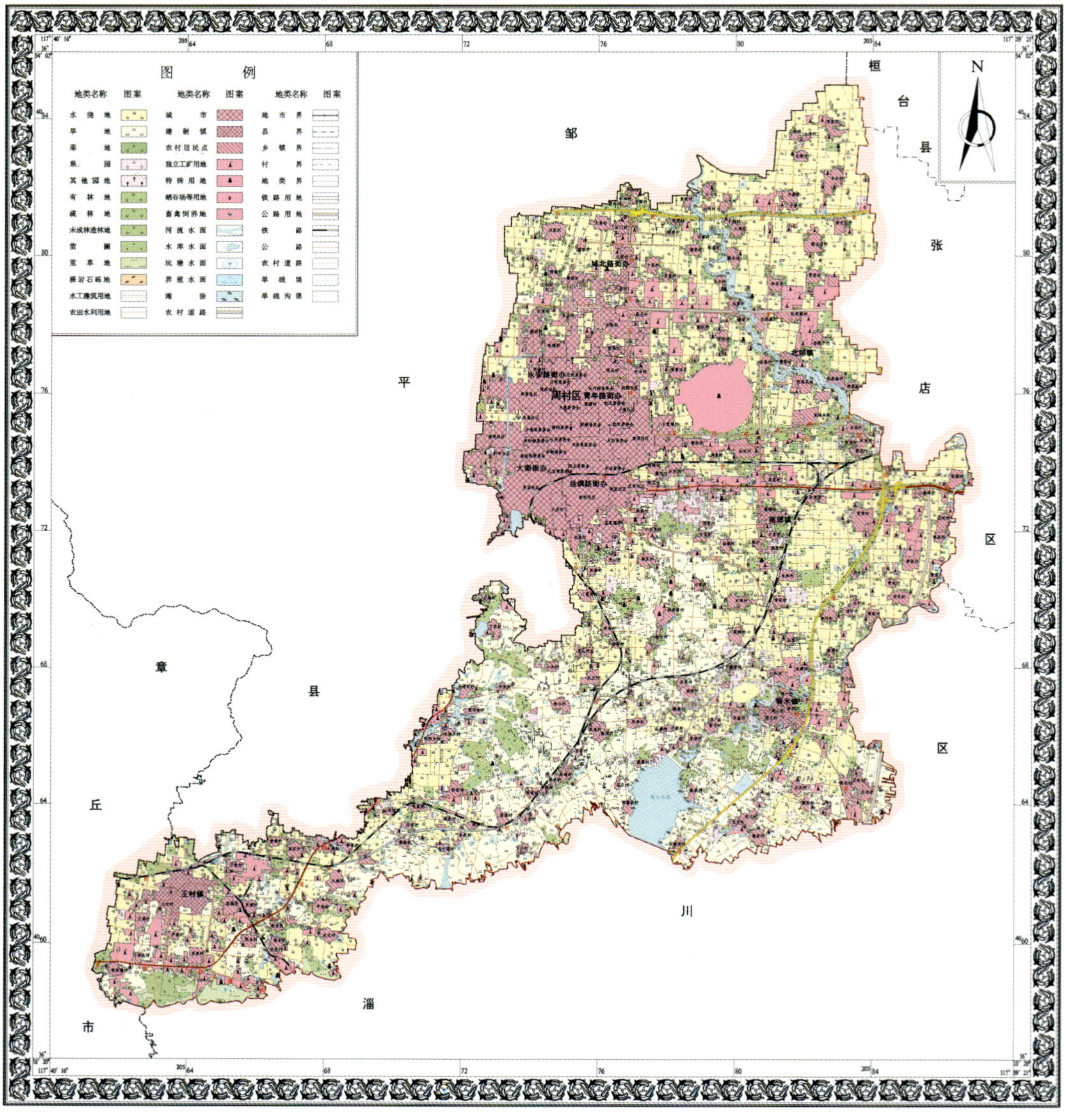

1954年北京坐标系 1956年黄海高程系

比例尺1:225000

山东农业大学资源与环境学院
山东天地亚太国土遥感有限公司 二〇一一年十月

周村区灌溉分区图

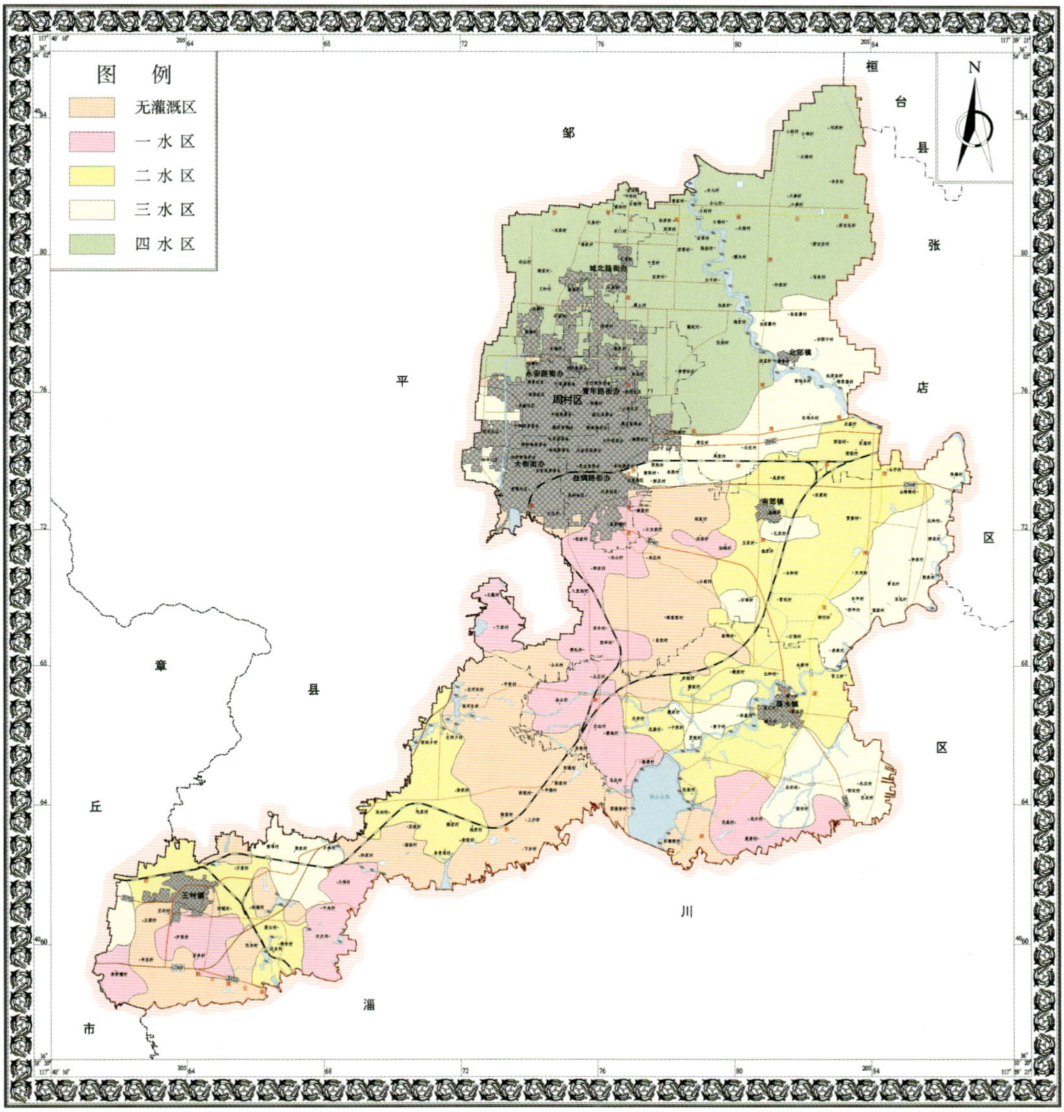

1954年北京坐标系 1956年黄海高程系

比例尺1:225000

山东农业大学资源与环境学院
山东天地亚太国土遥感有限公司 二〇一一年十月

周村区地貌图

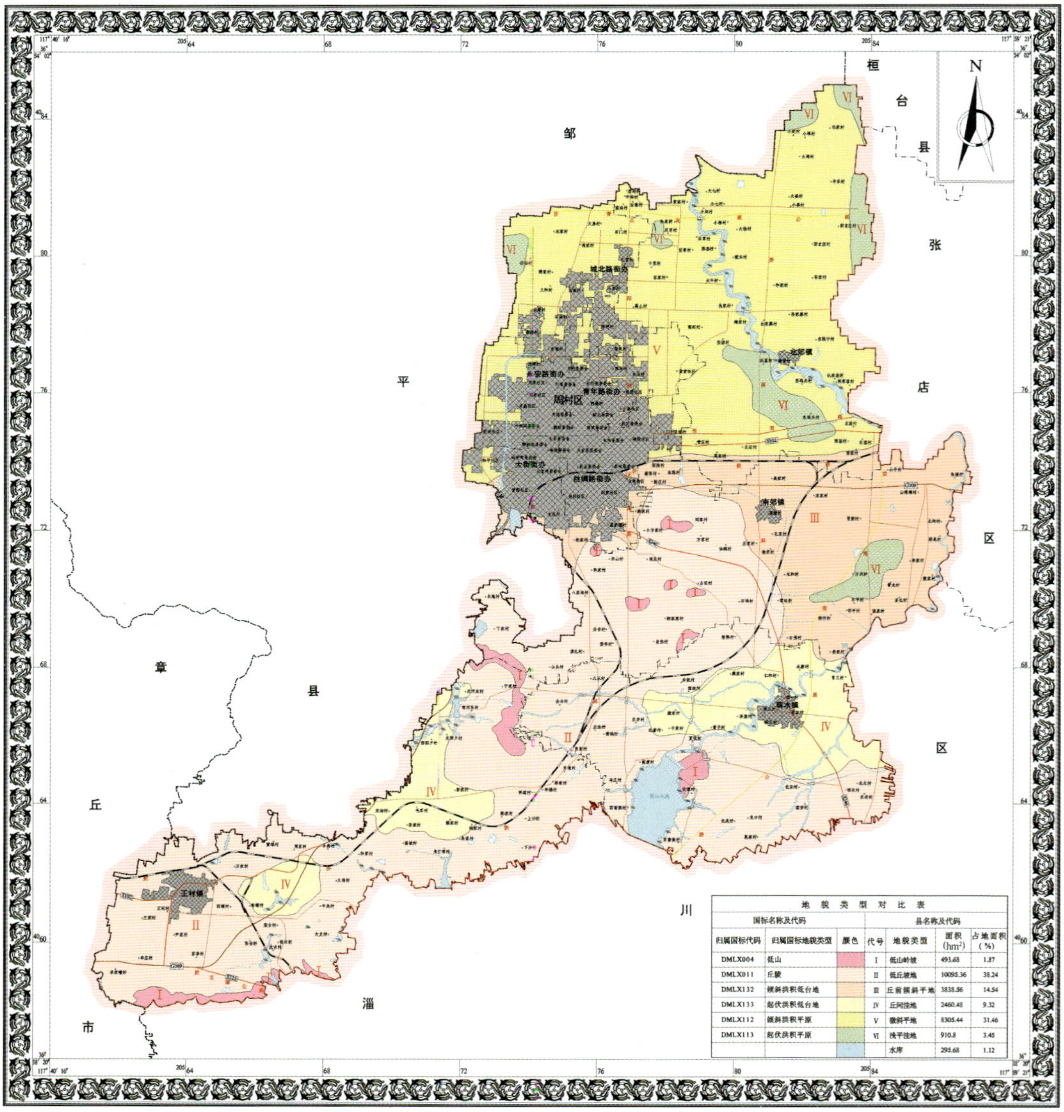

地貌类型对比表						
国标名称及代码			县名称及代码			
归属国标代码	归属国标地貌类型	颜色	代号	地貌类型	面积 (hm²)	占地面积 (%)
DMLX004	低山		Ⅰ	低山岭坡	493.68	1.87
DMLX011	丘陵		Ⅱ	低丘坡地	10095.36	38.24
DMLX132	倾斜洪积低台地		Ⅲ	丘前倾斜平地	3838.56	14.54
DMLX133	起伏洪积低台地		Ⅳ	丘间洼地	2460.48	9.32
DMLX112	倾斜洪积平原		Ⅴ	微斜平地	8305.44	31.46
DMLX113	起伏洪积平原		Ⅵ	浅平洼地	910.8	3.45
				水库	295.68	1.12

1954年北京坐标系 1956年黄海高程系

比例尺1:225000

山东农业大学资源与环境学院
山东天地亚太国土遥感有限公司 二○一一年十月

周村区坡度图

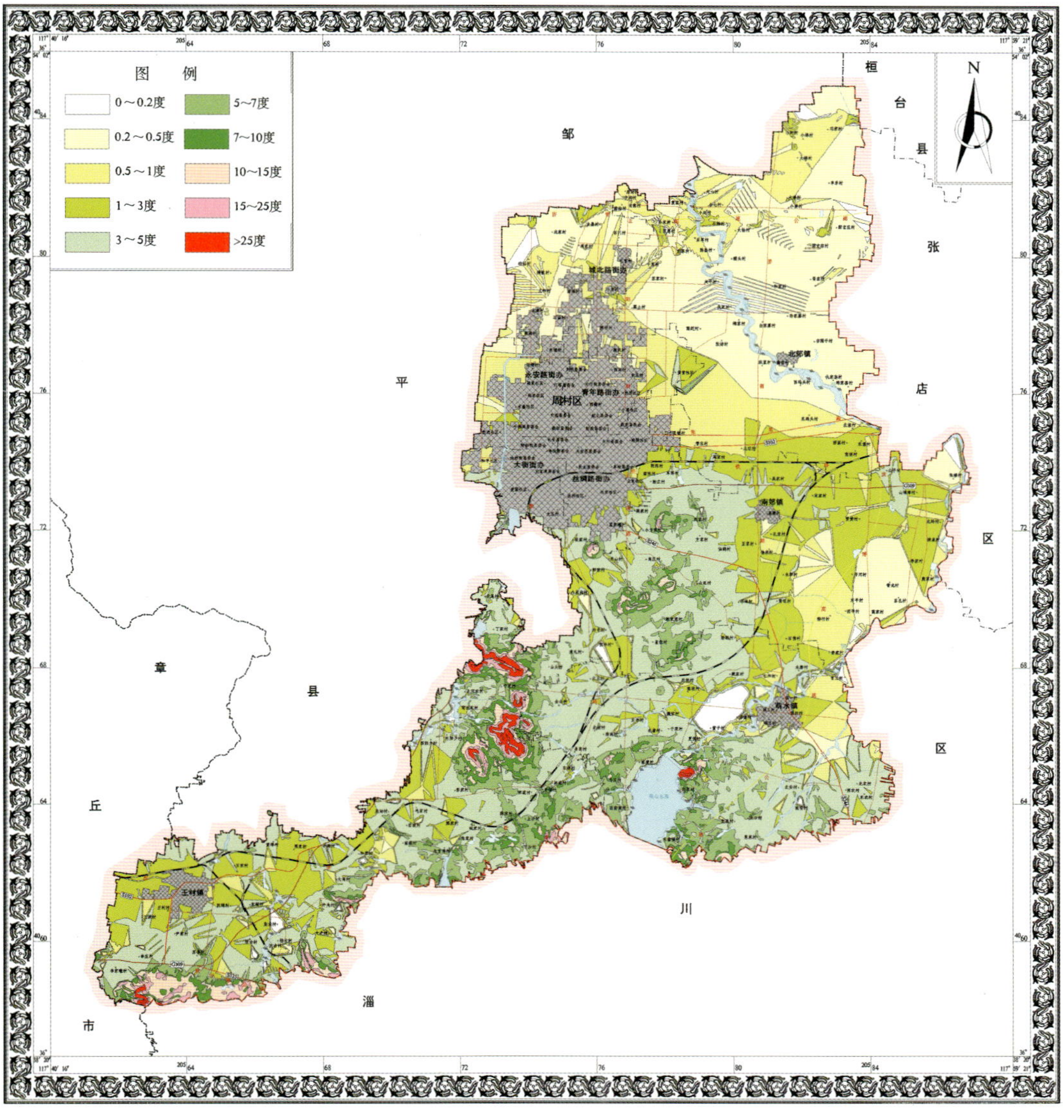

1954年北京坐标系 1956年黄海高程系　　比例尺1:225000　　山东农业大学资源与环境学院 山东天地亚太国土遥感有限公司 二〇一一年十月

周村区耕地地力调查点点位图

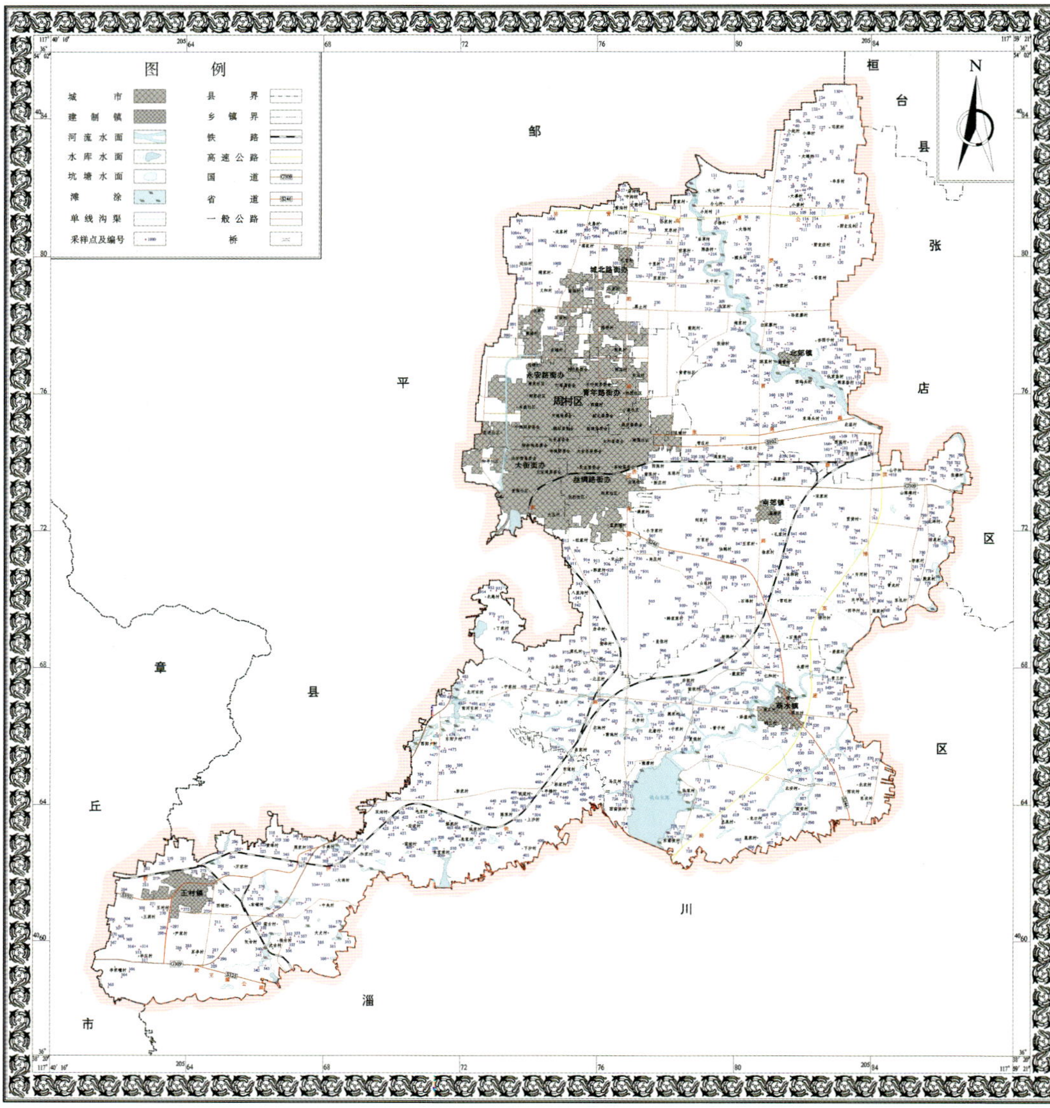

1954年北京坐标系 1956年黄海高程系　　比例尺1:225000　　山东农业大学资源与环境学院 山东天地亚太国土遥感有限公司 二〇一一年十月

周村区耕地地力评价等级图

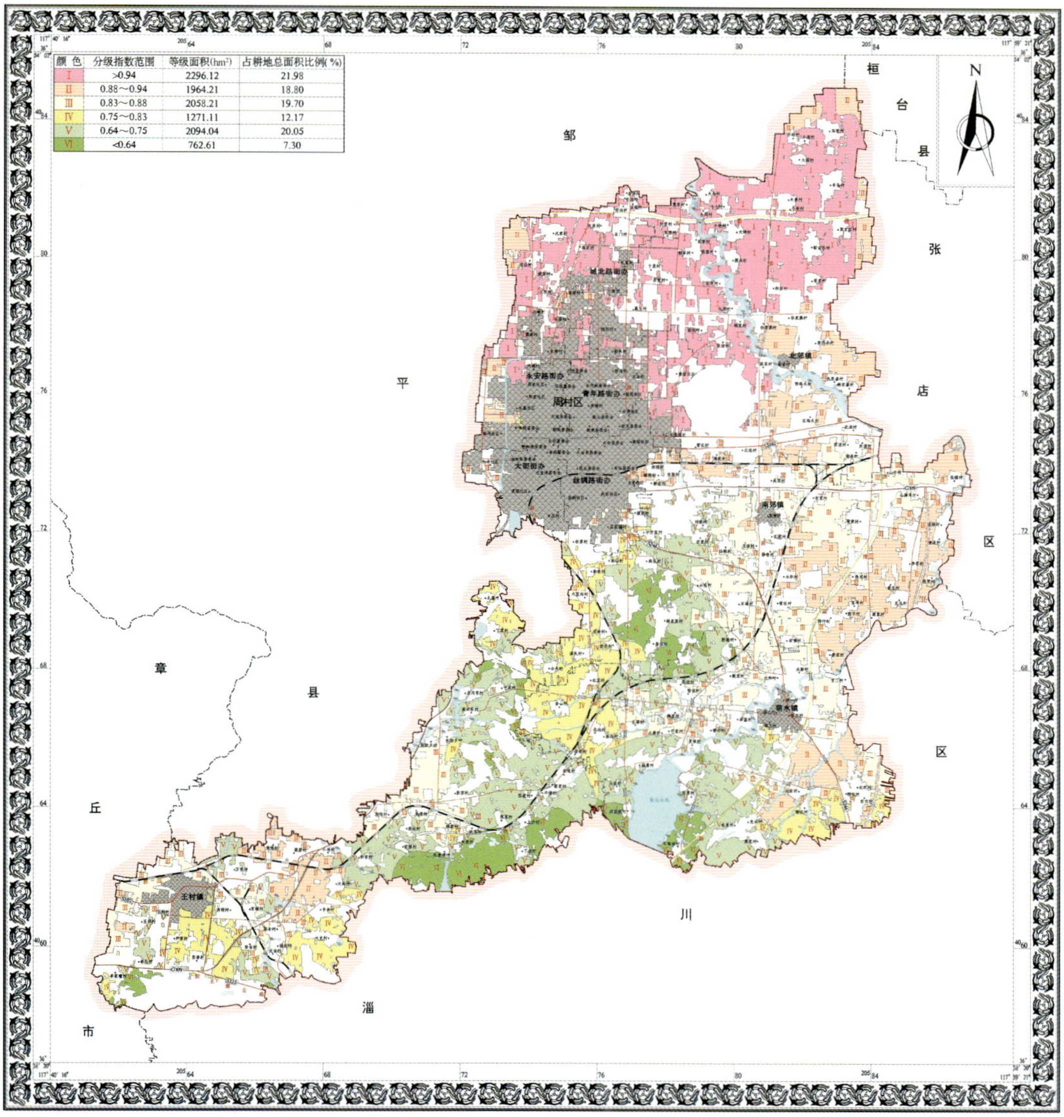

颜 色	分级指数范围	等级面积(hm²)	占耕地总面积比例(%)
Ⅰ	>0.94	2296.12	21.98
Ⅱ	0.88～0.94	1964.21	18.80
Ⅲ	0.83～0.88	2058.21	19.70
Ⅳ	0.75～0.83	1271.11	12.17
Ⅴ	0.64～0.75	2094.04	20.05
Ⅵ	<0.64	762.61	7.30

1954年北京坐标系 1956年黄海高程系

比例尺1:225000

山东农业大学资源与环境学院
山东天地亚太国土遥感有限公司 二〇一一年十月

周村区土壤pH分布图

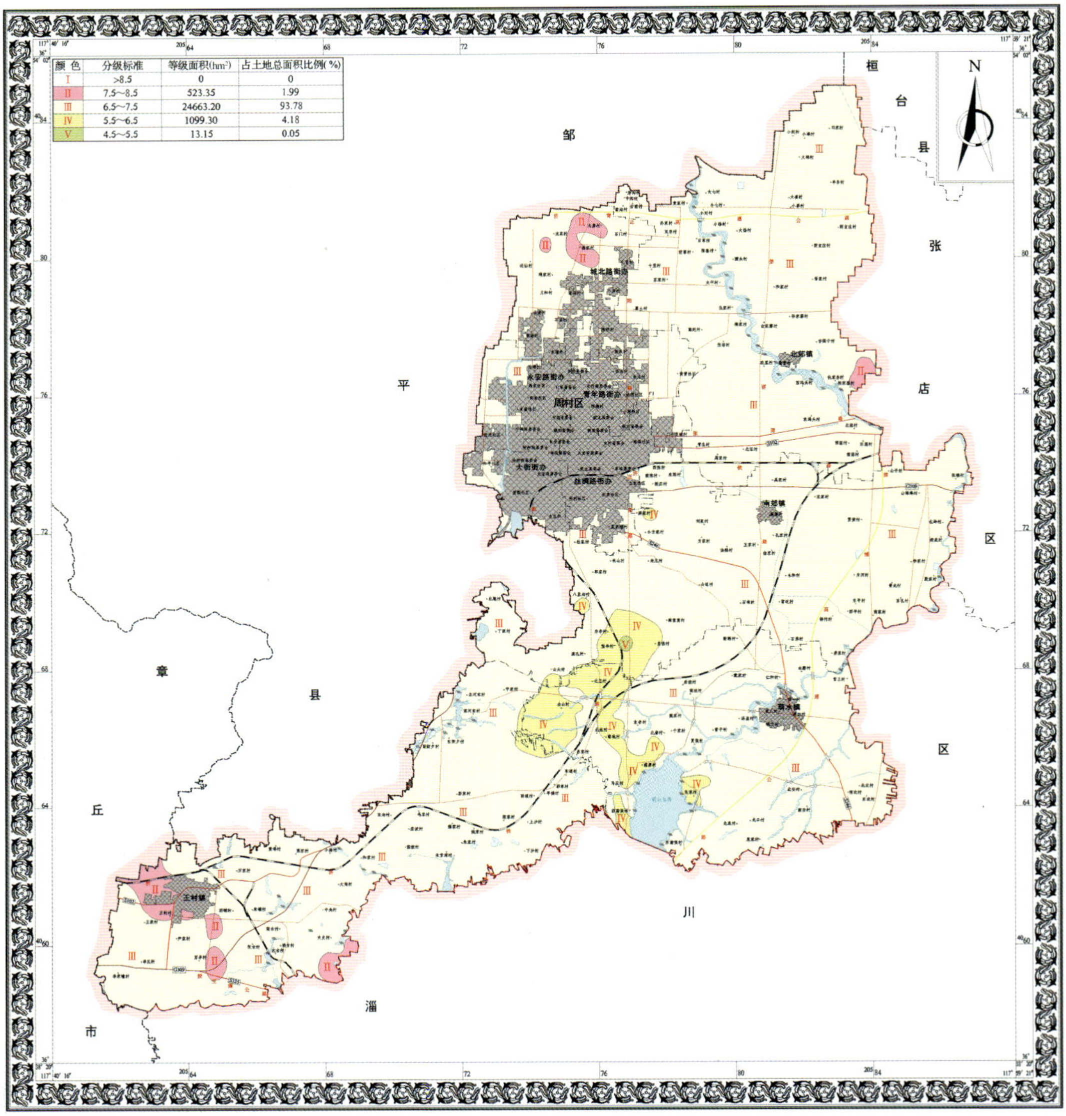

颜 色	分级标准	等级面积(hm²)	占土地总面积比例(%)
Ⅰ	>8.5	0	0
Ⅱ	7.5～8.5	523.35	1.99
Ⅲ	6.5～7.5	24663.20	93.78
Ⅳ	5.5～6.5	1099.30	4.18
Ⅴ	4.5～5.5	13.15	0.05

1954年北京坐标系 1956年黄海高程系

比例尺1:225000

山东农业大学资源与环境学院
山东天地亚太国土遥感有限公司 二○一一年十月

周村区土壤有机质含量分布图

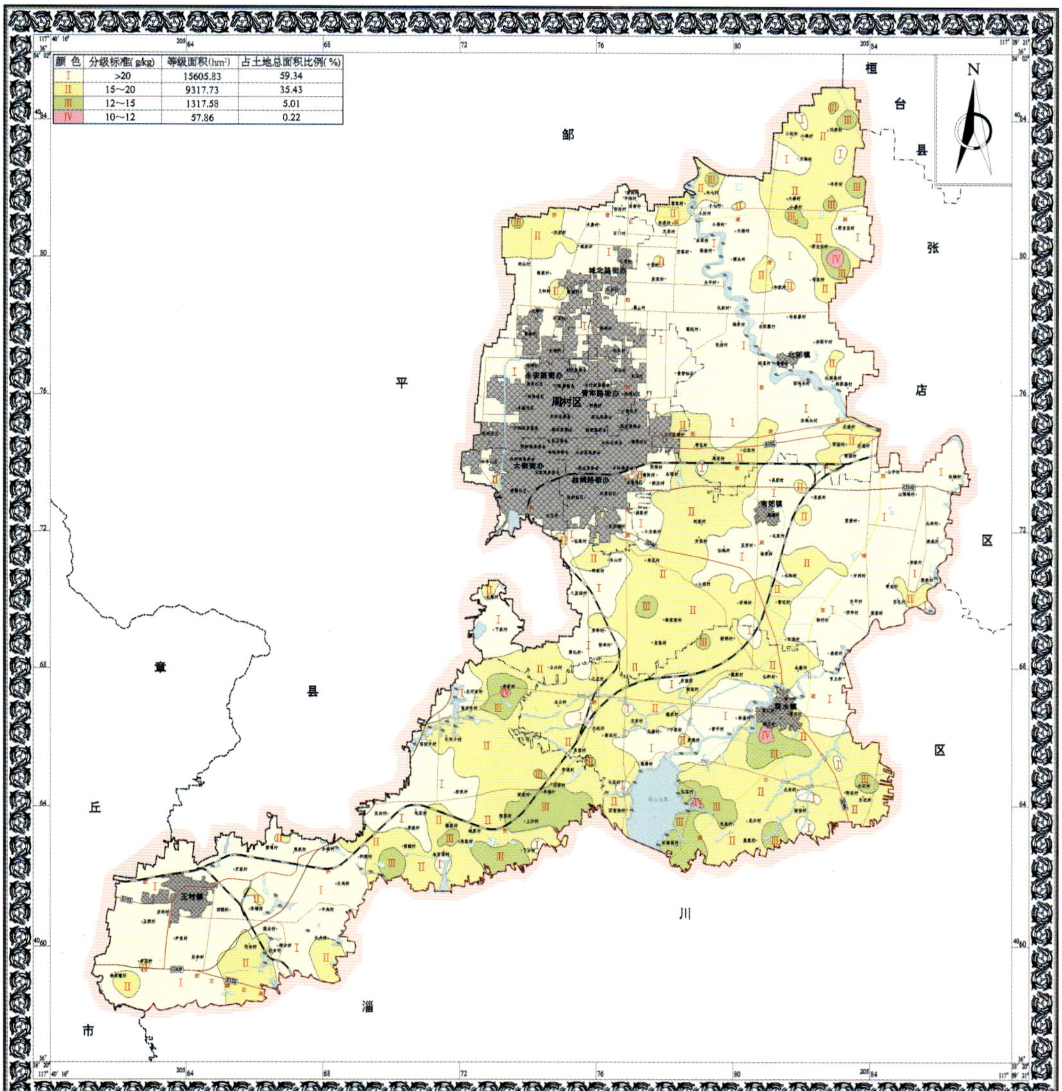

1954年北京坐标系 1956年黄海高程系　　比例尺1:225000　　山东农业大学资源与环境学院
山东天地亚太国土遥感有限公司　二〇一一年十月

周村区土壤全氮含量分布图

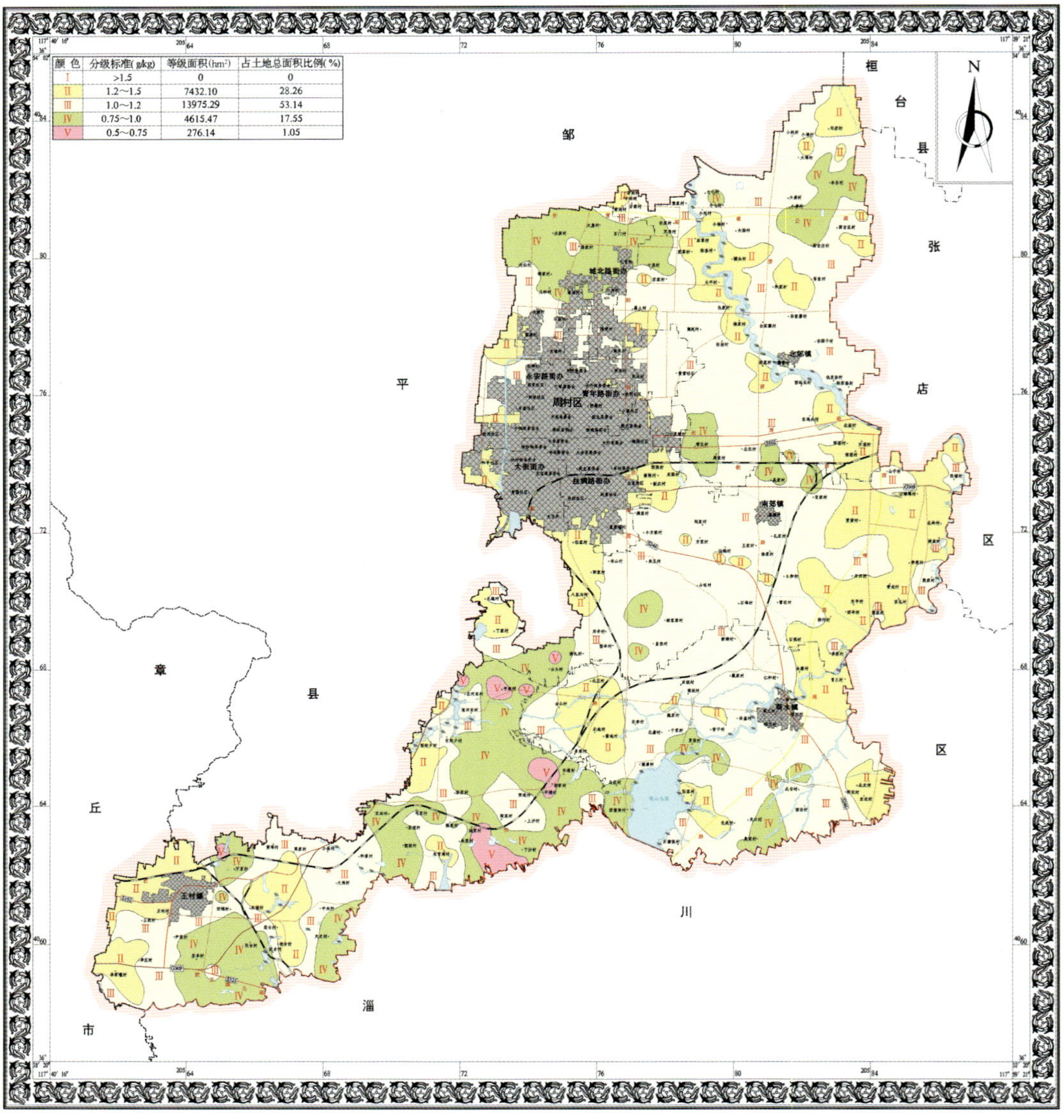

1954年北京坐标系 1956年黄海高程系　　比例尺1:225000　　山东农业大学资源与环境学院 山东天地亚太国土遥感有限公司 二〇一一年十月

周村区土壤碱解氮含量分布图

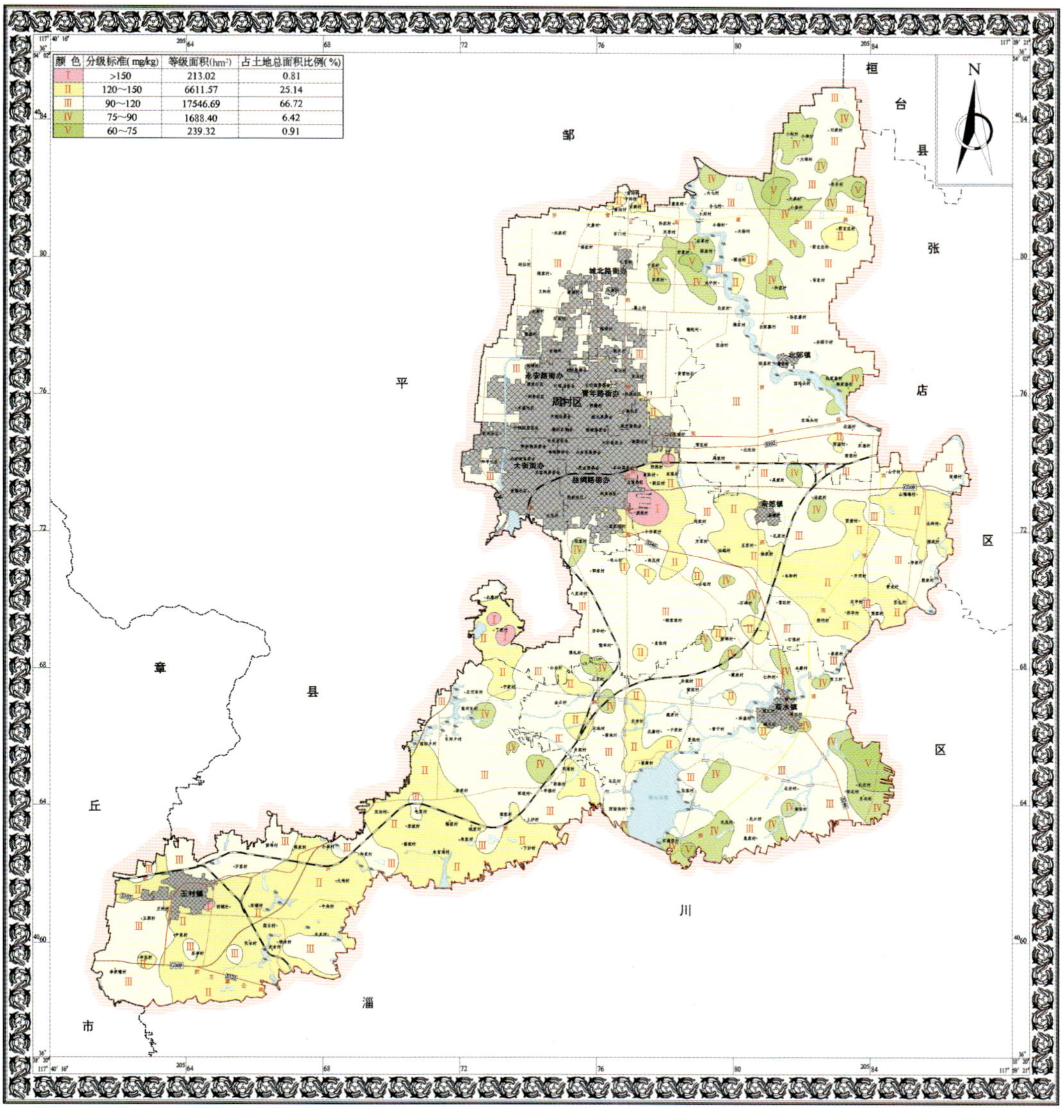

颜 色	分级标准(mg/kg)	等级面积(hm^2)	占土地总面积比例(%)
Ⅰ	>150	213.02	0.81
Ⅱ	120～150	6611.57	25.14
Ⅲ	90～120	17546.69	66.72
Ⅳ	75～90	1688.40	6.42
Ⅴ	60～75	239.32	0.91

1954年北京坐标系 1956年黄海高程系

比例尺1:225000

山东农业大学资源与环境学院
山东天地亚太国土遥感有限公司
二〇一一年十月

周村区土壤有效磷含量分布图

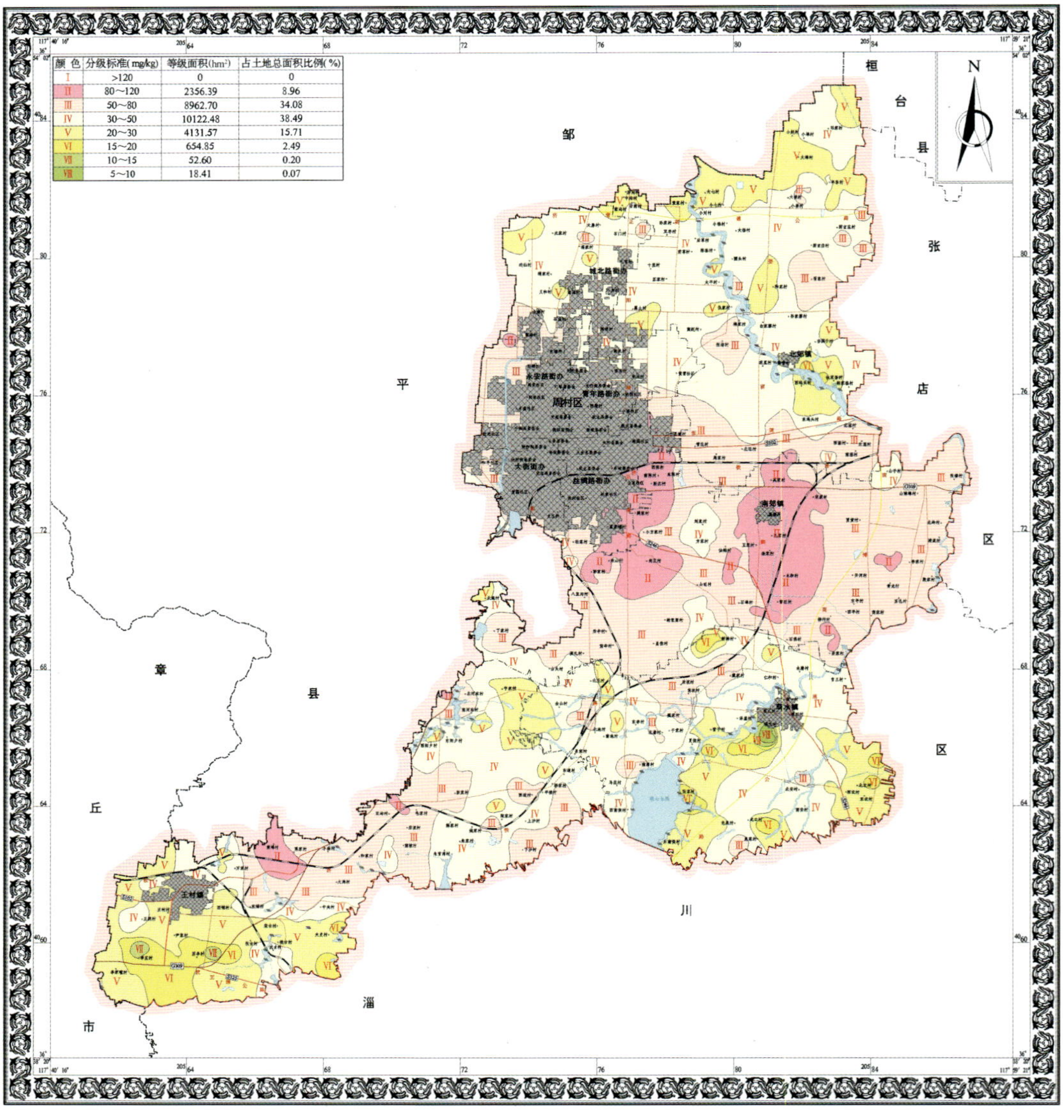

颜 色	分级标准(mg/kg)	等级面积(hm^2)	占土地总面积比例(%)
Ⅰ	>120	0	0
Ⅱ	80～120	2356.39	8.96
Ⅲ	50～80	8962.70	34.08
Ⅳ	30～50	10122.48	38.49
Ⅴ	20～30	4131.57	15.71
Ⅵ	15～20	654.85	2.49
Ⅶ	10～15	52.60	0.20
Ⅷ	5～10	18.41	0.07

1954年北京坐标系 1956年黄海高程系　　比例尺1:225000　　山东农业大学资源与环境学院 山东天地亚太国土遥感有限公司 二〇一一年十月

周村区土壤缓效钾含量分布图

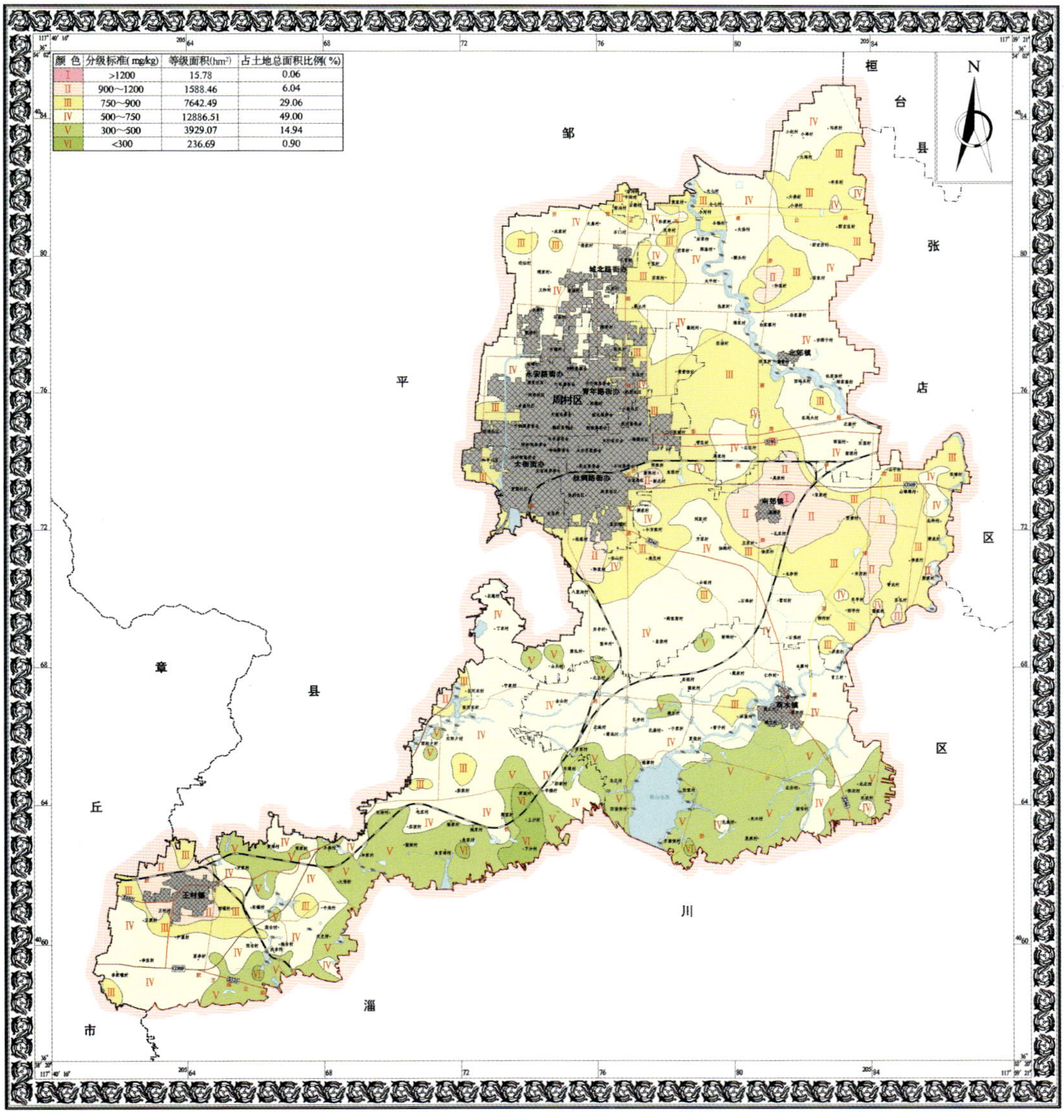

1954年北京坐标系 1956年黄海高程系

比例尺1:225000

山东农业大学资源与环境学院
山东天地亚太国土遥感有限公司 二〇一一年十月

周村区土壤速效钾含量分布图

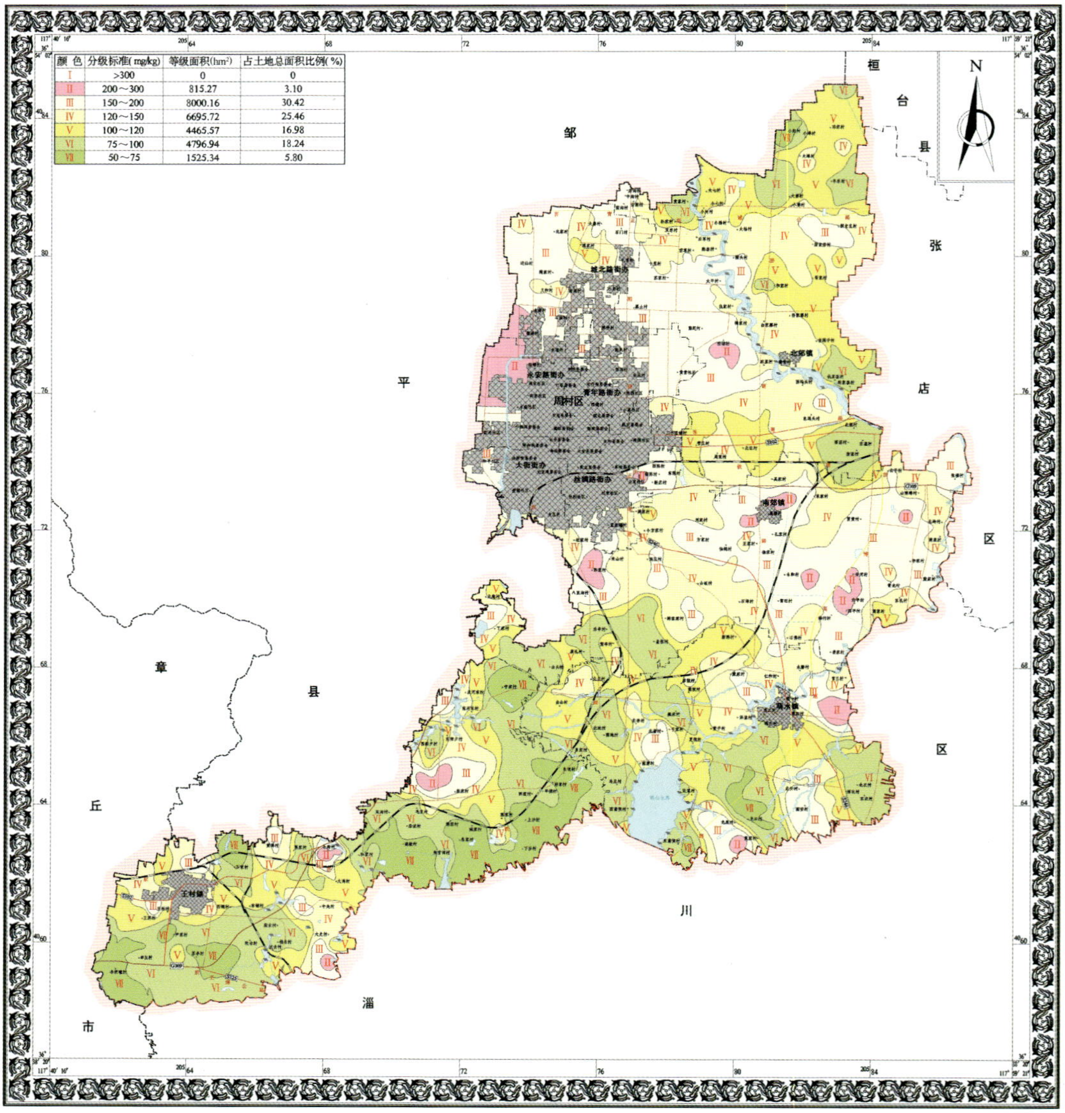

1954年北京坐标系 1956年黄海高程系

比例尺1:225000

山东农业大学资源与环境学院
山东天地亚太国土遥感有限公司 二〇一一年十月

周村区土壤有效硫含量分布图

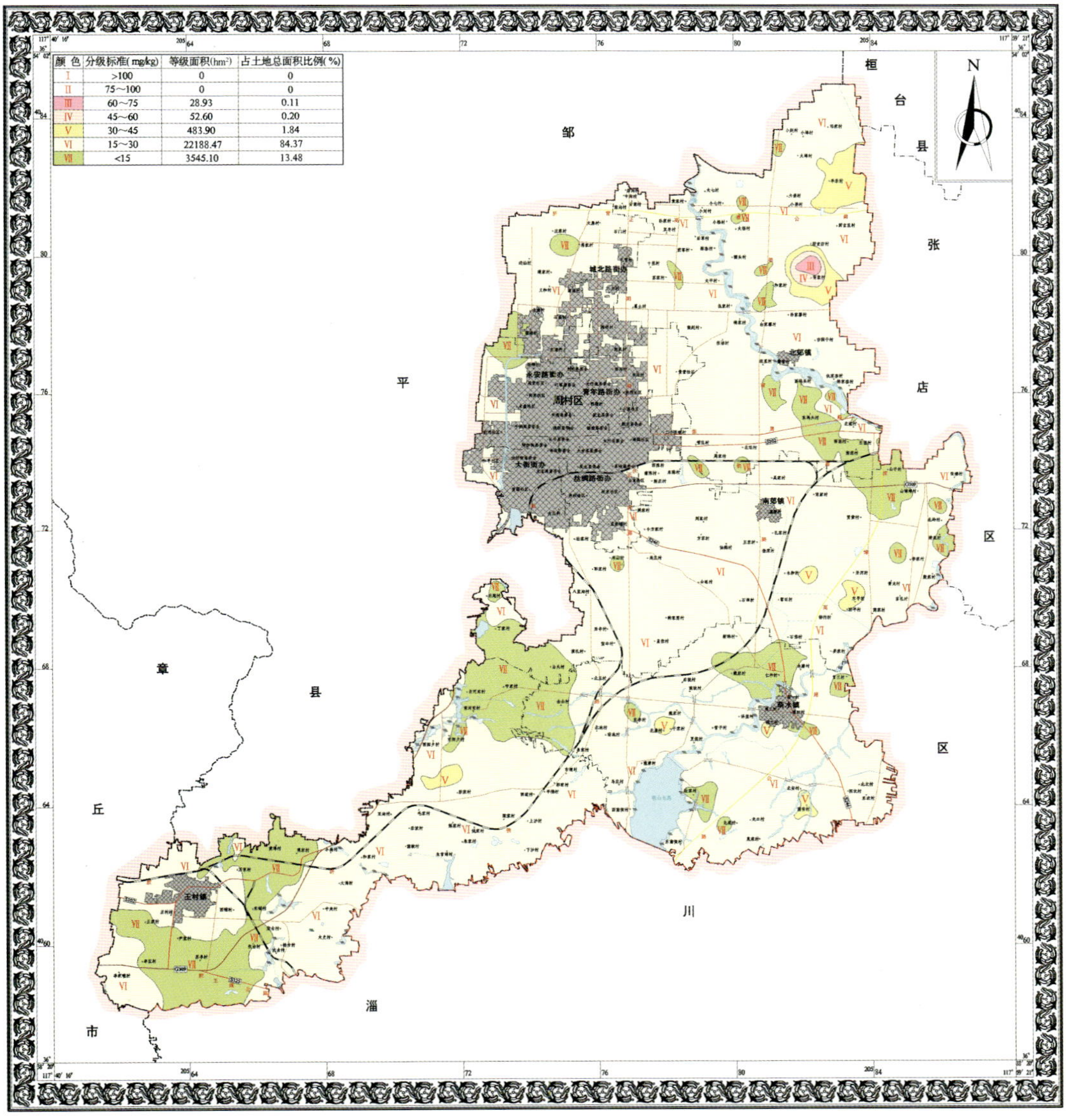

颜 色	分级标准(mg/kg)	等级面积(hm²)	占土地总面积比例(%)
Ⅰ	>100	0	0
Ⅱ	75～100	0	0
Ⅲ	60～75	28.93	0.11
Ⅳ	45～60	52.60	0.20
Ⅴ	30～45	483.90	1.84
Ⅵ	15～30	22188.47	84.37
Ⅶ	<15	3545.10	13.48

1954年北京坐标系 1956年黄海高程系

比例尺1:225000

山东农业大学资源与环境学院
山东天地亚太国土遥感有限公司 二〇一一年十月

周村区土壤交换性钙含量分布图

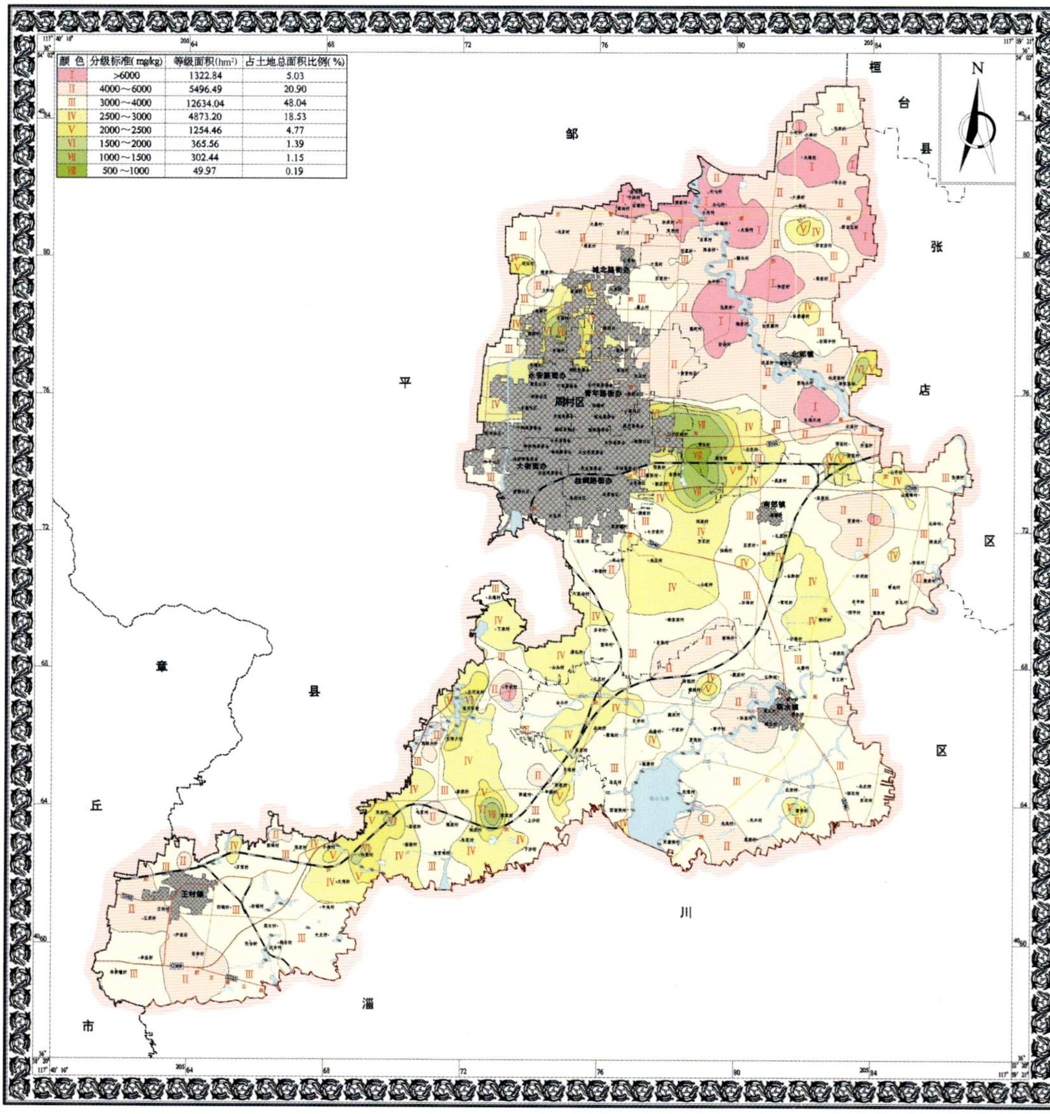

颜 色	分级标准(mg/kg)	等级面积(hm^2)	占土地总面积比例(%)
Ⅰ	>6000	1322.84	5.03
Ⅱ	4000～6000	5496.49	20.90
Ⅲ	3000～4000	12634.04	48.04
Ⅳ	2500～3000	4873.20	18.53
Ⅴ	2000～2500	1254.46	4.77
Ⅵ	1500～2000	365.56	1.39
Ⅶ	1000～1500	302.44	1.15
Ⅷ	500～1000	49.97	0.19

1954年北京坐标系 1956年黄海高程系

比例尺1:225000

山东农业大学资源与环境学院
山东天地亚太国土遥感有限公司 二〇一一年十月

周村区土壤交换性镁含量分布图

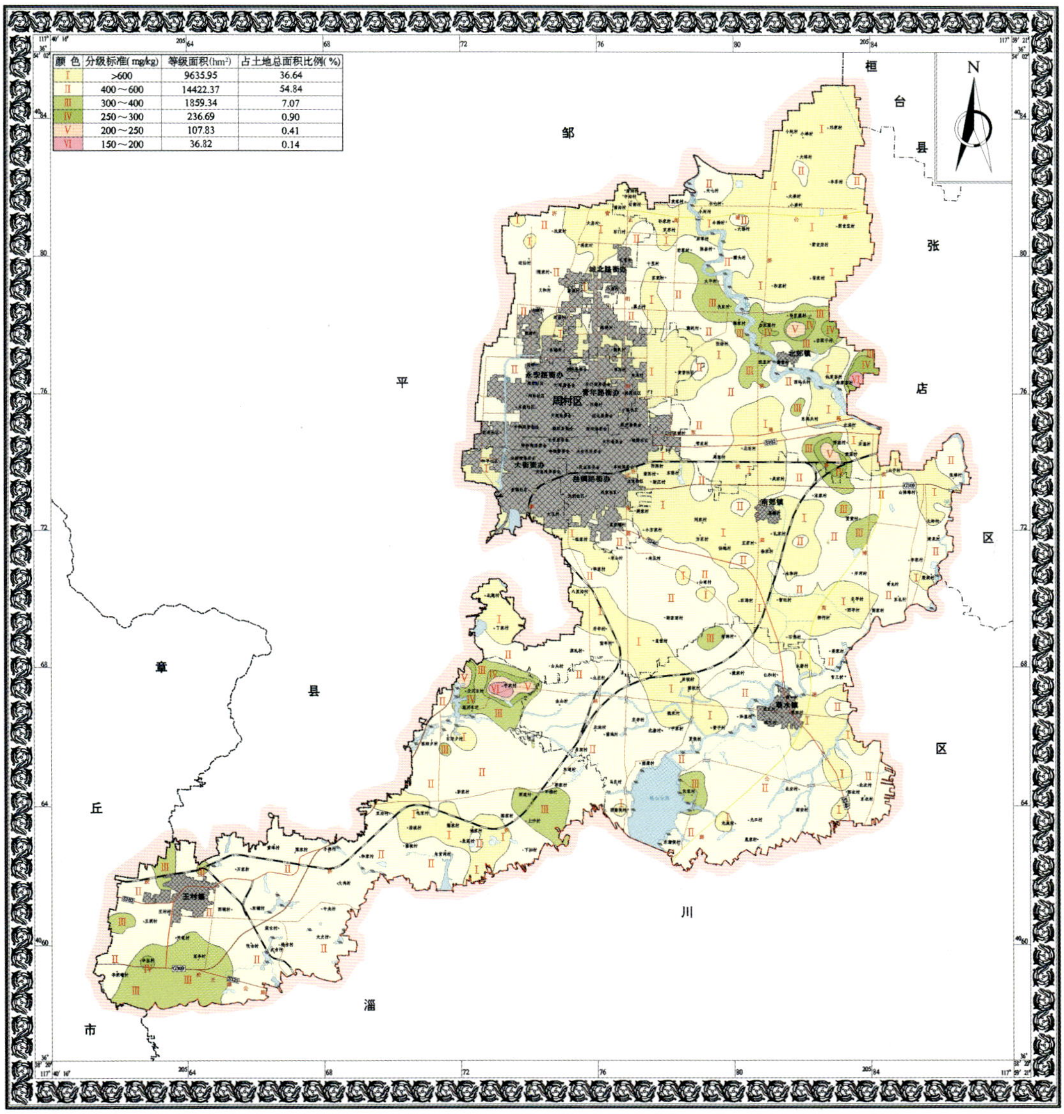

颜 色	分级标准(mg/kg)	等级面积(hm^2)	占土地总面积比例(%)
Ⅰ	>600	9635.95	36.64
Ⅱ	400～600	14422.37	54.84
Ⅲ	300～400	1859.34	7.07
Ⅳ	250～300	236.69	0.90
Ⅴ	200～250	107.83	0.41
Ⅵ	150～200	36.82	0.14

1954年北京坐标系 1956年黄海高程系　　比例尺1:225000　　山东农业大学资源与环境学院 山东天地亚太国土遥感有限公司 二〇一一年十月

周村区土壤有效硅含量分布图

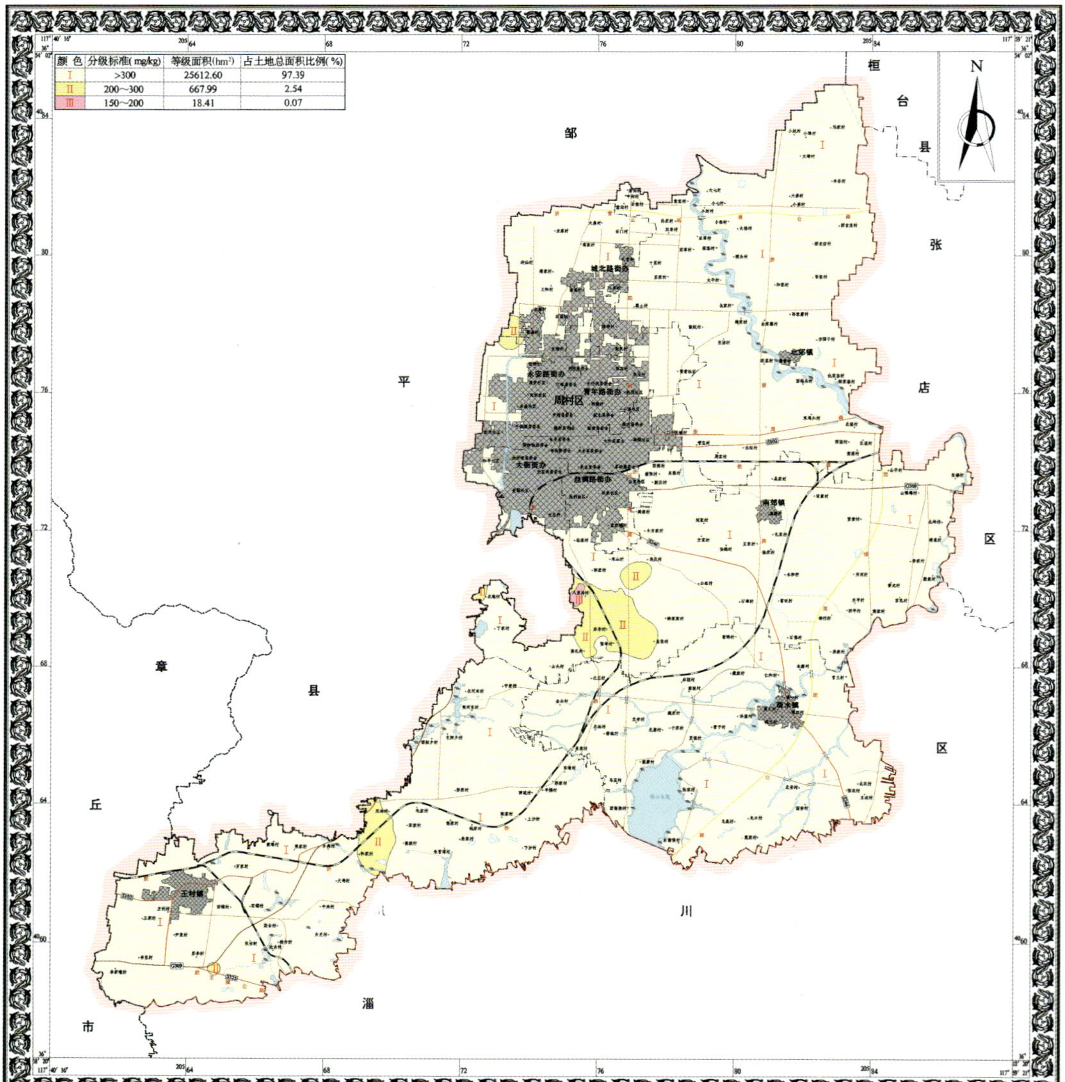

1954年北京坐标系 1956年黄海高程系

比例尺1:225000

山东农业大学资源与环境学院
山东天地亚太国土遥感有限公司
二〇一一年十月

周村区土壤有效铜含量分布图

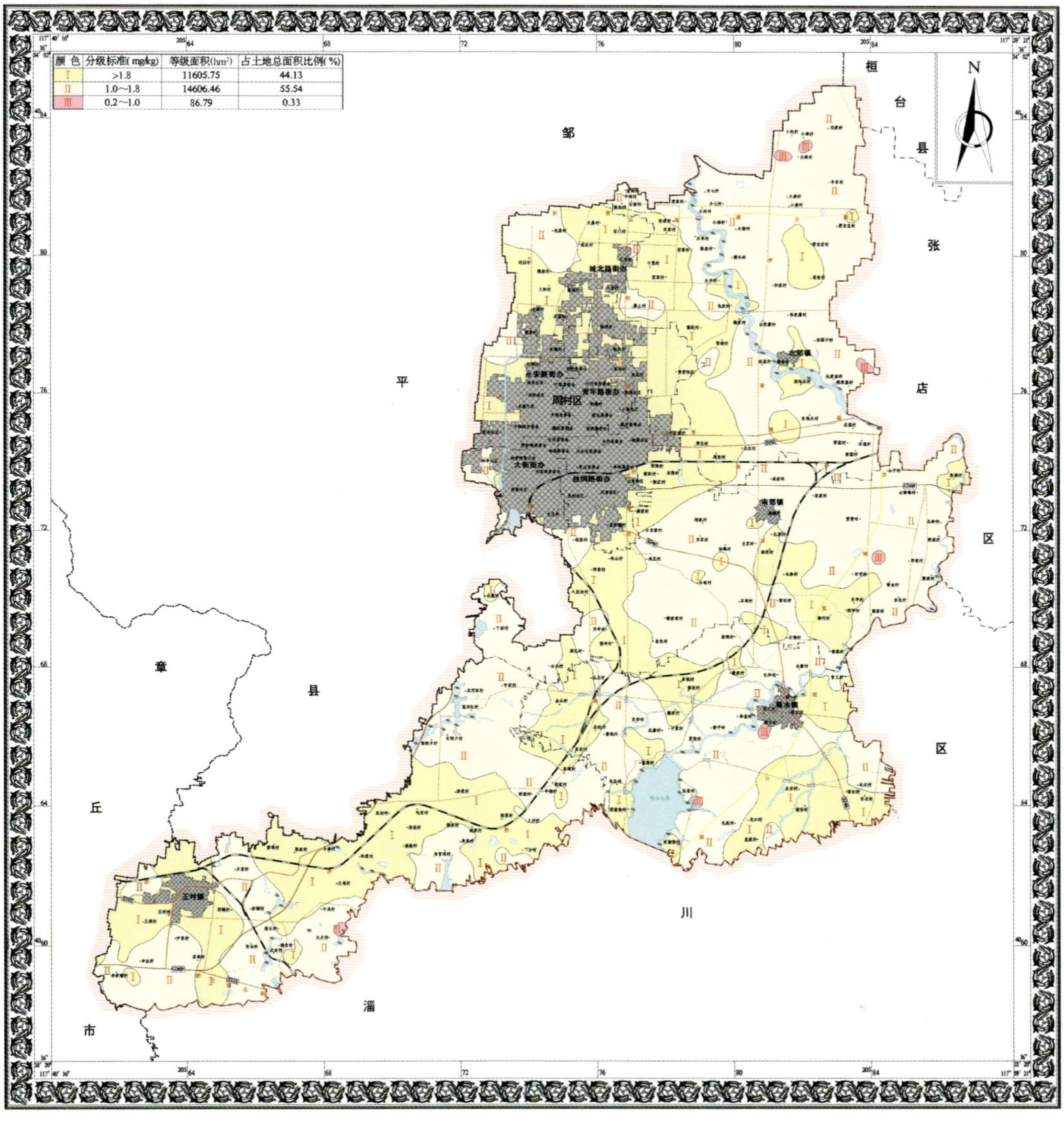

颜 色	分级标准(mg/kg)	等级面积(hm²)	占土地总面积比例(%)
Ⅰ	>1.8	11605.75	44.13
Ⅱ	1.0～1.8	14606.46	55.54
Ⅲ	0.2～1.0	86.79	0.33

1954年北京坐标系 1956年黄海高程系　　比例尺1:225000　　山东农业大学资源与环境学院 山东天地亚太国土遥感有限公司 二〇一一年十月

周村区土壤有效锌含量分布图

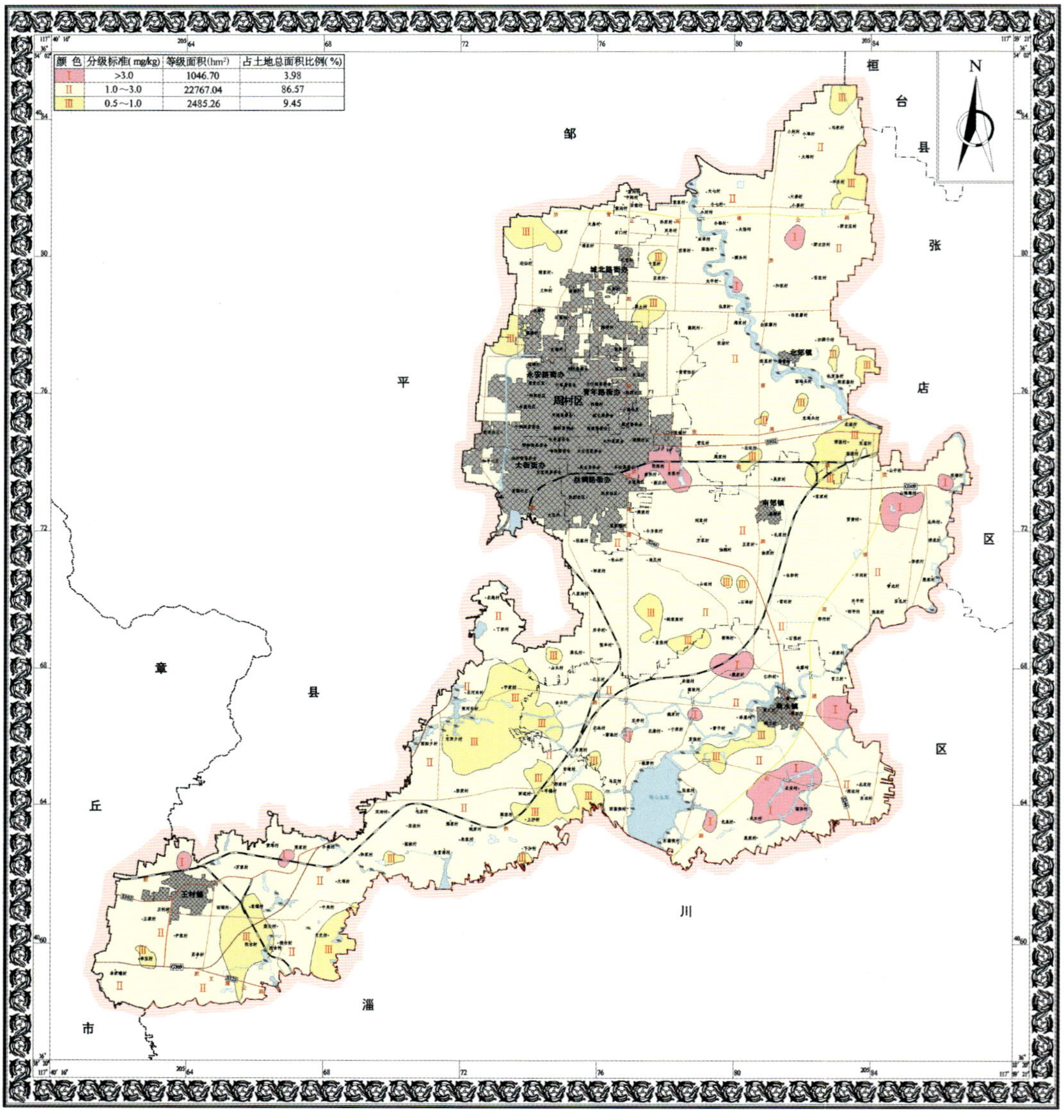

1954年北京坐标系 1956年黄海高程系

比例尺1:225000

山东农业大学资源与环境学院
山东天地亚太国土遥感有限公司 二〇一一年十月

周村区土壤有效铁含量分布图

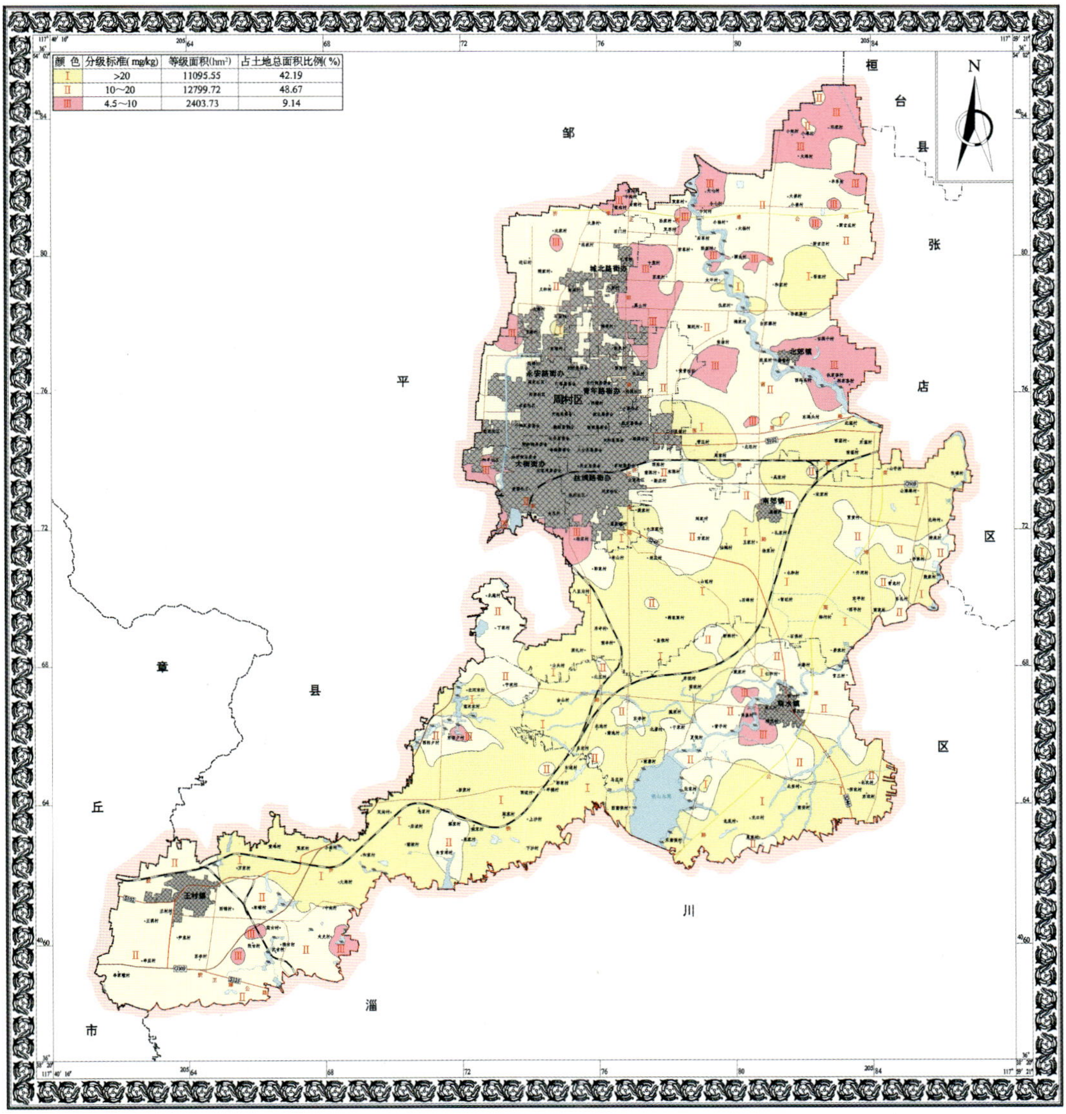

颜 色	分级标准(mg/kg)	等级面积(hm^2)	占土地总面积比例(%)
Ⅰ	>20	11095.55	42.19
Ⅱ	10～20	12799.72	48.67
Ⅲ	4.5～10	2403.73	9.14

1954年北京坐标系 1956年黄海高程系

比例尺1:225000

山东农业大学资源与环境学院
山东天地亚太国土遥感有限公司 二〇一一年十月

周村区土壤有效锰含量分布图

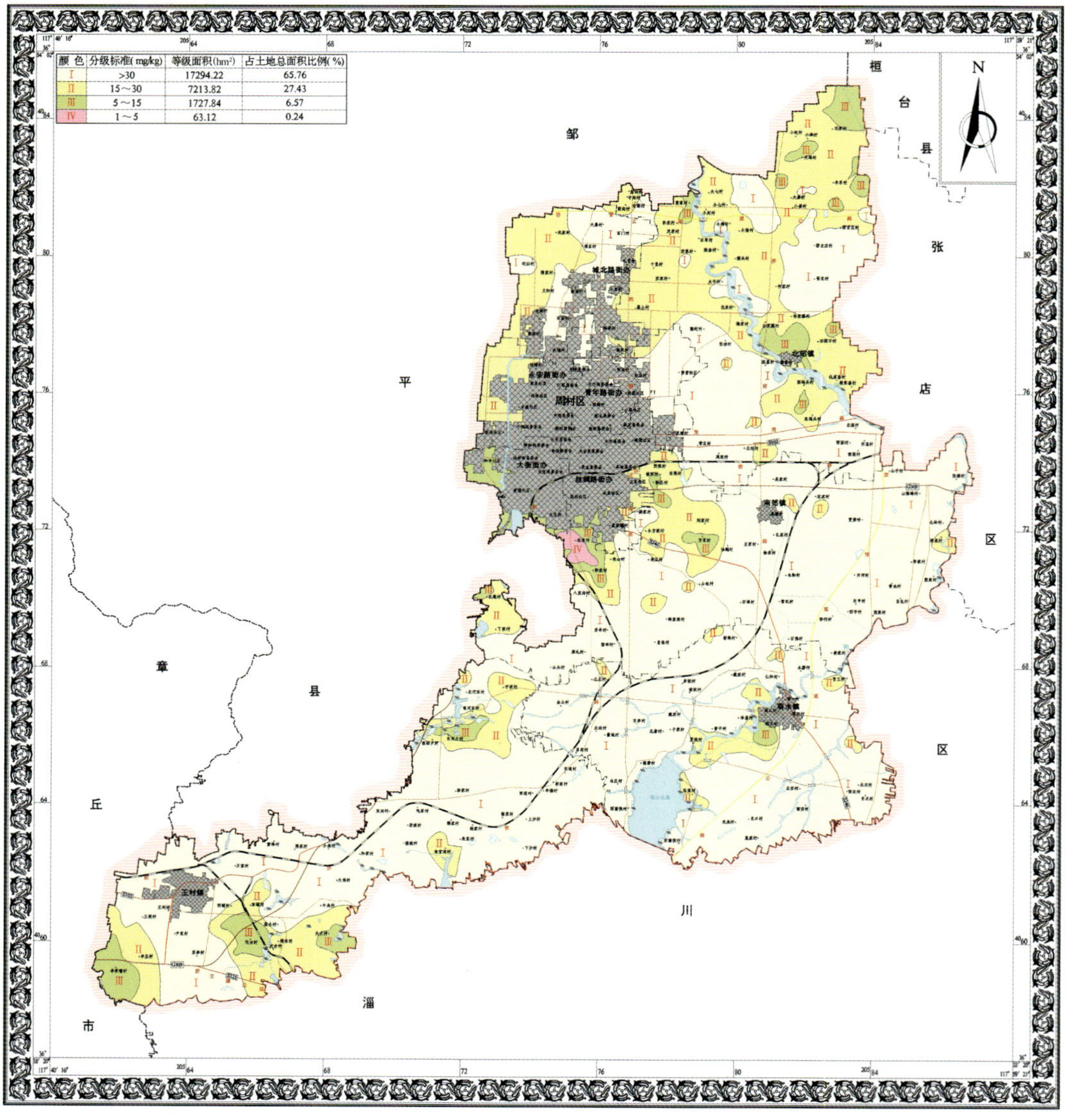

1954年北京坐标系 1956年黄海高程系　　比例尺1:225000　　山东农业大学资源与环境学院 山东天地亚太国土遥感有限公司 二〇一一年十月

周村区土壤有效硼含量分布图

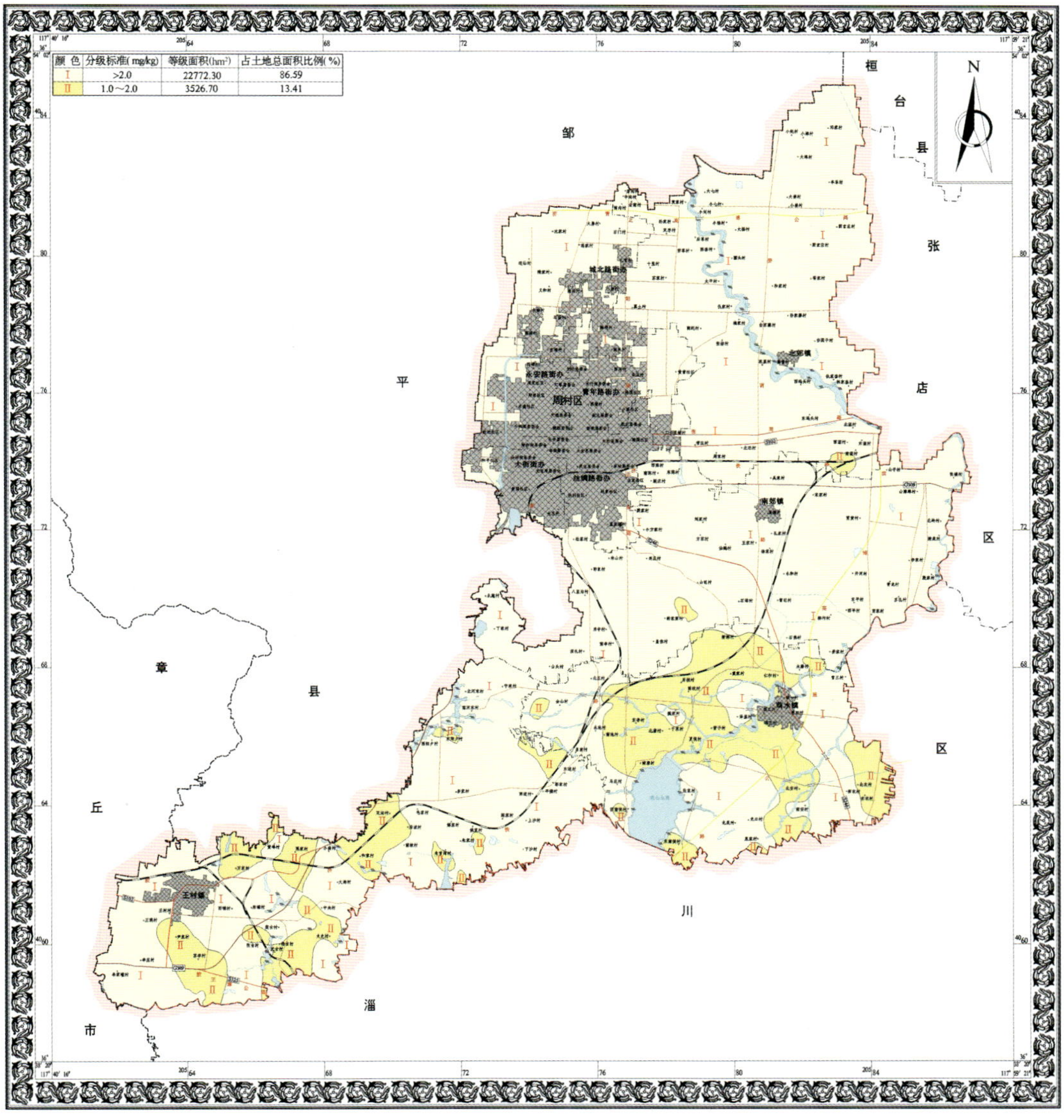

1954年北京坐标系 1956年黄海高程系

比例尺1:225000

山东农业大学资源与环境学院
山东天地亚太国土遥感有限公司 二〇一一年十月

周村区土壤有效钼含量分布图

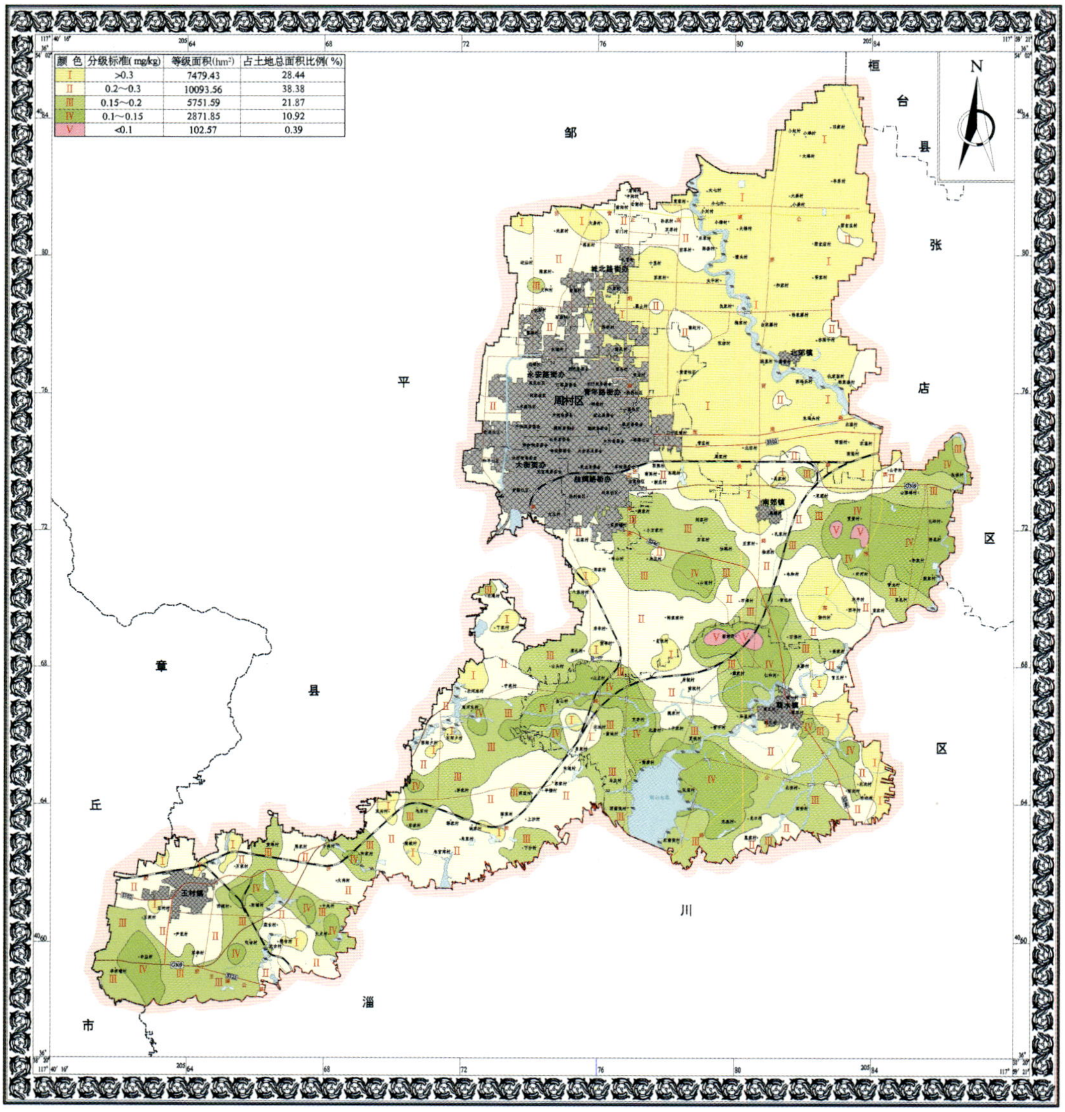

颜 色	分级标准(mg/kg)	等级面积(hm^2)	占土地总面积比例(%)
Ⅰ	>0.3	7479.43	28.44
Ⅱ	0.2～0.3	10093.56	38.38
Ⅲ	0.15～0.2	5751.59	21.87
Ⅳ	0.1～0.15	2871.85	10.92
Ⅴ	<0.1	102.57	0.39

1954年北京坐标系 1956年黄海高程系　　比例尺1:225000　　山东农业大学资源与环境学院 山东天地亚太国土遥感有限公司 二〇一一年十月